집에서 즐기는 외식

우리 집 홈스토랑

prologue

요리를 하면서
일상의 행복을 가꾸어보세요

종종 외국에 나가면 요리를 처음 할 때와 같은 호기심과 열정이 되살아나는 것을 느낍니다. 직업이 요리사다 보니 외국에 나갈 때마다 그 나라 사람들이 먹고 마시는 것에 관심이 가더군요.
여러 나라를 다니며 다양한 음식문화를 접하면서 느낀 점은 여가를 즐기는 데 있어서 '음식'이 빠지지 않는다는 겁니다. 그중에서도 주방의 주인인 양 능숙한 솜씨로 요리를 하는 남성들의 모습이 유난히 인상에 남았습니다.
오랜 세월 요리사로 살았으면서도 가족을 위해서 주방에 서기 시작한 것은 얼마 되지 않습니다. 내가 잘하는 요리보다 가족들이 좋아하는 음식을 만드는 것은 생각처럼 쉽지 않았어요.
몇 해 전부터 외국 여행을 하면서 보았던 아빠와 아이들이 함께 요리하고 즐기는 모습을 직접 연출해보았습니다. 좀 늦은 감이 있지만, 가족과 함께 요리를 하면서 무엇과 바꿀 수 없는 행복함을 느꼈습니다.
요리를 통해 얻을 수 있는 것은 맛있는 음식뿐만이 아니에요. 만드는 과정 전체가 정성이고 사랑이며, 행복이고 기쁨입니다.
비록 매일은 아니어도 틈날 때마다 소소한 일상의 행복을 만들어 가길 바라는 마음으로 이 책을 펴내게 되었습니다. 이 책을 통해 가족과 함께하는 시간이 보다 즐겁고 풍요로워지길 바랍니다.
사랑하는 아내 또는 남편, 그리고 아이들과 함께, 마음 맞는 친구들과 함께, 어쩌면 화려한 싱글로 이 책의 레시피를 하나하나 따라 하다 보면 자신도 모르게 멋진 요리사가 되어 있을 거예요.
이 책이 나오기까지 애써주신 관계자분들께 고마움을 전합니다. 특히 나의 행복의 원천인 아내와 아들, 딸에게 특별한 사랑을 보냅니다. 무엇보다 본인의 요리를 사랑하고 아껴주시는 모든 분들께 마음 깊이 고마움을 담아 전해드리고 싶습니다.

구본길

contents

part 1

특별하게 즐기는 온 가족 별식

Carbonara

Rice with Fish Roe

part 2

면역력 키워주는 가족 건강식

Rice with Oysters and Bean Sprouts

Yam and Black Sesame Salad

part 3

아이들이 좋아하는 엄마표 간식

Cheese Tteokbokki

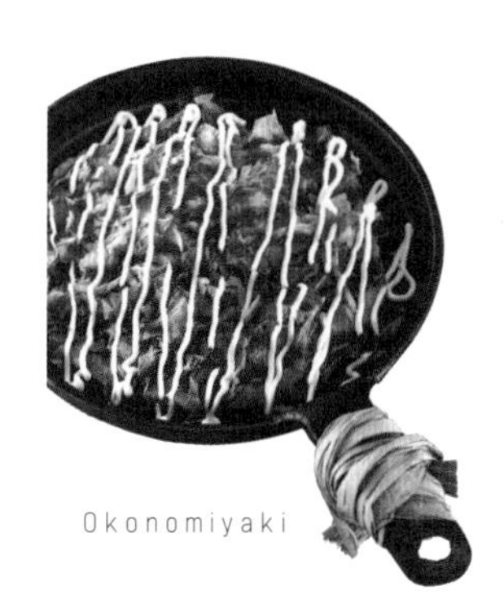

Okonomiyaki

part 4

특별한 날 손님초대요리 & 술안주

Asparagus Roll with Bacon

Steamed Pork Belly Marinated in Wine

Skewered Assorted Fritters

part 5

간단한 아침, 죽·수프 & 샐러드

Apple Brie Cheese Salad

Mushroom Cream Soup

part 4

카페 스타일 홈메이드 천연음료

Tropical Fruit Smoothie

Gold Kiwi Latte

알아두면 편리한 기본 계량법과 어림치

음식의 제맛을 내기 위해서는 재료의 양이 정확해야 해요. 하지만 일일이 무게를 재는 것은 여간 번거로운 게 아니에요. 기본 계량법과 재료별 무게의 어림치를 알아두면 요리하기가 한결 쉬워요.

계량 도구

계량스푼

양념 등 적은 양을 정확히 재기 위해 꼭 필요한 도구다. 1큰술인 15mL짜리와 1작은술인 5mL짜리 하나씩 갖추고 있으면 쓰기 편하다. 계량할 때 가루는 재료를 넉넉히 담은 뒤 칼이나 막대기로 평평하게 깎아내고, 액체는 찰랑찰랑하여 넘칠 듯 말 듯하게 담는다.

계량컵

가장 많이 쓰는 것은 200mL짜리 컵이다. 유리, 플라스틱, 스테인리스 스틸 등 소재가 여러 가지인데, 투명한 유리컵이 내용물과 눈금이 잘 보여 쓰기 편하다. 눈금을 볼 때는 평평한 곳에 놓고 눈높이를 눈금 높이에 맞춰서 본다.

저울

눈금이 최소 5g 단위로 나뉘어 있고, 최대 1~2kg까지 잴 수 있는 것이 좋다. 무게를 잴 때는 평평한 곳에 놓고 눈금이 0에 있는지 확인한다. 그릇에 담아 잴 때는 그릇을 저울에 올려놓고 눈금을 0에 맞춘 뒤 재료를 담는다. 아날로그 저울은 눈높이를 맞춰서 봐야 정확하다.

기본 계량 단위

1컵 = 200mL
종이컵에
가득 담은 양

1큰술 = 15mL
밥숟가락으로
수북이 담은 양

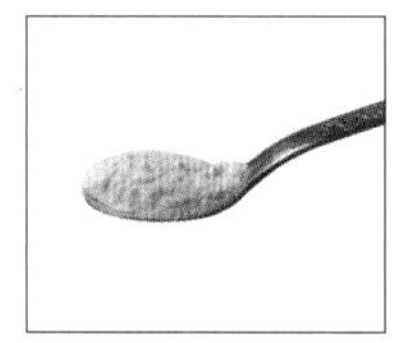

1작은술 = 5mL
찻숟가락으로
수북이 담은 양

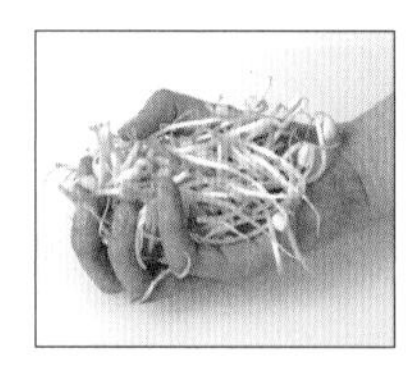

1줌
한 손으로 가볍게
잡은 정도

조금
엄지와 검지로
가볍게 잡은 정도

양념류 계량 어림치

가루 **밀가루** 1컵(125g), 1큰술(8g), 1작은술(4g)
고춧가루 1컵(106g), 1큰술(8g), 1작은술(2g)
설탕 1컵(170g), 1큰술(13g), 1작은술(4g)
소금 1컵(130g), 1큰술(10g), 1작은술(3g)

액체 **식용유** : 1컵(220g), 1큰술(12g), 1작은술(4g)
물엿 : 1컵(281g), 1큰술(17g), 1작은술(5g)
청주 : 1컵(200g), 1큰술(15g), 1작은술(5g)
간장 : 1컵(173g), 1큰술(13g), 1작은술(4g)

기타 양념 **고추장** 1큰술(14g), 1작은술(3g)
된장 1큰술(17g), 1작은술(5g)
다진 마늘 1큰술(15g), 1작은술(4g)
통깨 1큰술(8g), 1작은술(2g)

자주 사용하는 식품의 계량 어림치

채소

고사리(젖은 것) 한 줌 100g
깻잎 10장 50g
대파(중간 굵기) 1대 70g
배추 1통 1kg
부추 한 단 400g
브로콜리 1송이 300g
상추 10장 100g
셀러리 1대 100g
숙주 한 줌 60g
시금치 1뿌리 30g
쑥갓·미나리 한 줌 100g
아스파라거스 1뿌리 30g
양배추 1통 800g
콩나물 한 줌 70g
가지 1개 120g
애호박 1개 300g
오이 1개 200g
토마토 1개 250g
풋고추 1개 20g
피망 1개 100g
감자(중간 크기) 1개 180g
고구마(중간 크기) 1개 200g
당근 1개 200g
무(중간 크기) 1통 1kg
양파 1개 200g
연근 1개 300g
느타리버섯 1개 15g
새송이버섯(큰 것) 1개 100g
생 표고버섯 1개 20g
양송이버섯 10개 120g
팽이버섯 1봉지 100g

육류

다진 쇠고기 1컵 180g
쇠고기(덩어리, 주먹 크기) 200g
저민 쇠고기(손바닥 크기) 200g
돼지고기 삼겹살(10cm) 1장 50g
닭 1마리 1.2kg
닭가슴살 1쪽 100g
닭다리(중간 크기) 1개 100g
달걀 1개 70g

해산물

게(중간 크기) 1마리 200g
고등어(중간 크기) 1마리 400g
굴(껍질 제거한 것) 1컵 180g
모시조개 1개 20g
새우(중하) 1마리 20g
오징어 1마리 300g
조개관자(가리비) 1개 30g
참치(냉동, 손바닥 크기) 1덩어리 200g
칵테일 새우 1컵 200g
홍합 1개 30g
훈제연어 슬라이스(손바닥 크기)1장 40g

가공식품

두부(중간 크기) 1모 300g
모차렐라 치즈 (다진 것) 1컵 100g
버터(사방 2cm) 1조각 15g
베이컨 1줄 10g
비엔나소시지 10개 80g
소면 한 줌 100g
스파게티 면 한 줌 100g
어묵(사각) 1장 30g

올바른 칼 사용법과 기본 썰기

요리를 잘하고 싶다면 칼질을 잘해야 해요. 안전하게 사용하는 것뿐 아니라 음식을 익히고 모양을 내는 데도 영향을 미치기 때문이죠. 올바른 칼 사용법과 썰기 방법을 알아두면 요리가 한결 쉬울 거예요.

안전하고 효과적인 칼 사용법

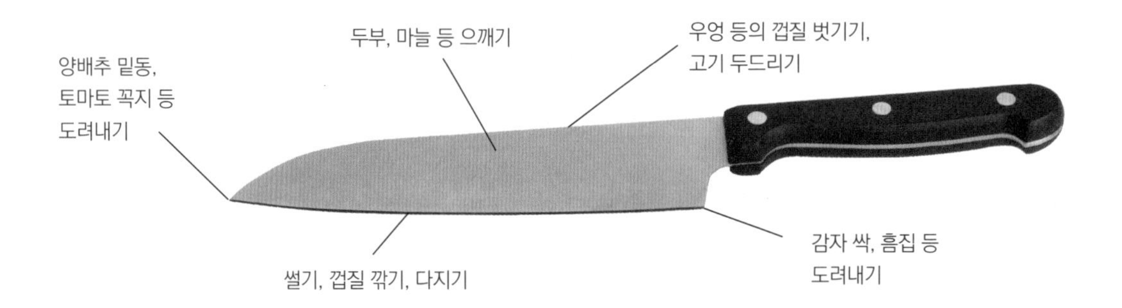

도려내기
양배추 밑동, 토마토 꼭지 등

으깨기
두부, 마늘 등

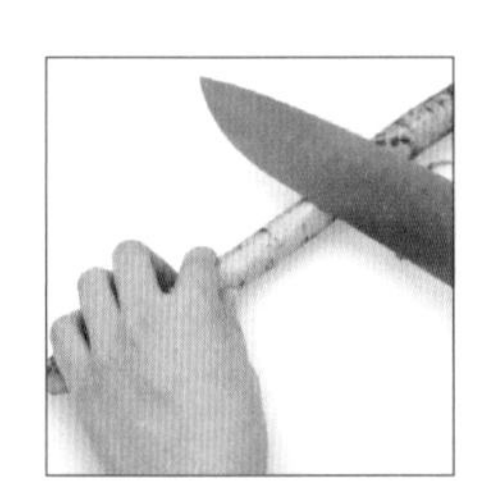

껍질 벗기기
우엉 등

두드리기
고기

다지기

썰기

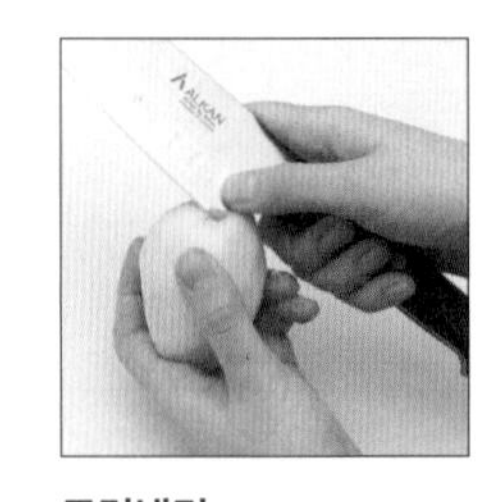

도려내기
감자 싹, 흠집 등

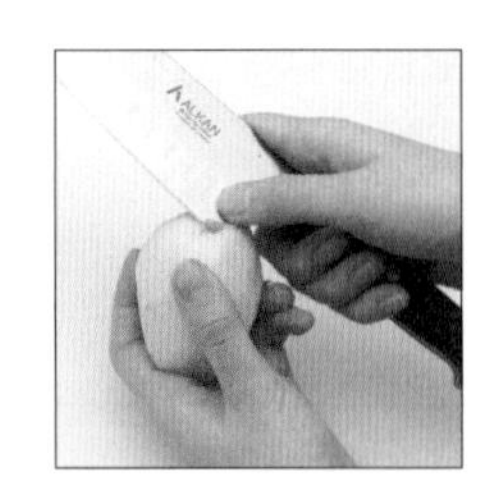

껍질 깎기

모양별 기본 썰기

동글 썰기

오이나 호박처럼 원통형의 모양을 그대로 살려 써는 방식. 일정한 두께로 썰어야 모양이 예쁘다.

어슷 썰기

대파나 고추, 가래떡 등을 써는 방식으로 재료에 비스듬하게 사선으로 칼집을 넣어 썬다.

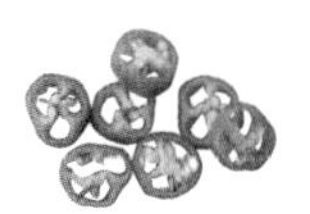

송송 썰기

풋고추나 실파처럼 단면이 작은 재료들을 썰 때 이용한다. 송송 썬 재료는 보통 완성된 음식 위에 고명으로 얹거나 양념장 재료로 넣는다.

반달 썰기

길이로 반 가른 다음 일정한 간격으로 얇게 썬다. 주로 호박이나 감자, 고구마를 썰 때 쓰는 방식이다.

돌려 깎기

오이나 당근 등 원통형의 재료를 채 썰기 전에 먼저 돌려 깎는다. 5~6cm 길이로 토막 낸 재료에 칼집을 넣고 살살 돌리면서 껍질을 벗기듯이 칼을 움직여 껍질만 도려낸다.

나박 썰기

정사각형으로 썬 재료를 다시 얇게 썬다. 나박김치나 탕에 들어가는 무를 써는 방법이다.

깍둑 썰기

무나 감자, 당근 등의 채소를 주사위 모양으로 써는 것. 가로와 세로, 높이가 모두 같아 정육면체 모양이 나온다.

저며 썰기

마늘이나 무 등을 얇게 썰 때 '저민다'는 표현을 쓴다. 크기에 상관없이 얇고 고르게 썰 때 저며 썰기를 한다. 불고기도 얇게 저며 썰면 간이 잘 밴다.

채 썰기

굵기를 고르게 해서 가늘게 써는 방법. 당근이나 감자 등을 채 썰 때 얇게 저며 썬 다음 비스듬하게 겹쳐놓고 착착 썰면 편리하다.

다지기

채 썬 재료를 모아서 다시 잘게 썬다. 파와 마늘, 생강 등을 곱게 썰어 양념과 섞어야 할 때 주로 활용한다.

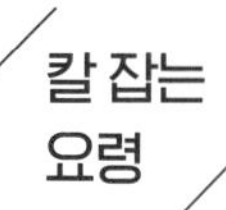

칼 잡는 요령

재료를 잡는 왼손의 손가락을 둥글게 오므려 손가락 등이 칼 옆면에 닿게 한 채 칼질한다. 손가락을 펴서 손끝이 칼에 닿으면 베이기 쉽다. 칼질을 할 때는 칼을 잡은 손목에 너무 힘이 들어가지 않도록 한다.

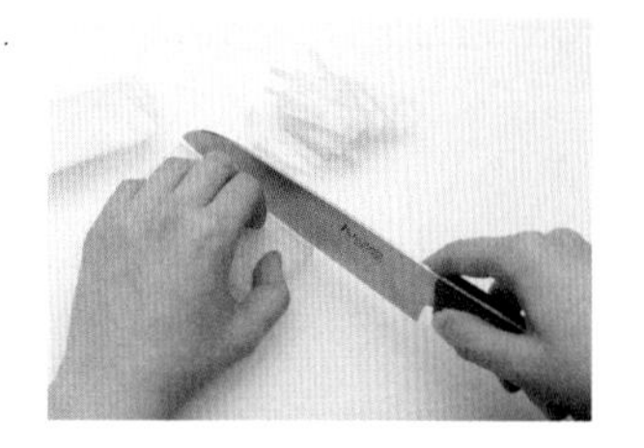

음식 맛을 높여주는 양념장과 소스

채소, 해물, 고기 등 다양한 재료로 제맛을 내는 데는 양념장과 소스의 중요하죠. 어울리는 양념을 써야 음식 맛이 살아납니다. 자주 쓰는 기본 양념장과 소스를 익혀두면 어떤 요리든지 문제없어요.

다양하게 쓰이는 소스

폰즈 소스

깔끔하고 시원한 맛의 폰스 소스는 새우튀김이나 야채튀김을 찍어 먹는 데 어울린다. 샤브샤브 소스로도 쓰인다.

간장 2큰술, 무즙 1큰술, 가다랑어 국물 1/2컵, 설탕 1/2큰술, 식초·청주 1큰술씩, 송송 썬 실파 1큰술

머스터드 소스

매콤하고 새콤한 머스터드 소스는 닭튀김이나 훈제구이, 너겟 소스로 이용된다. 입맛에 따라 꿀을 첨가해서 단맛을 조절한다.

머스터드·마요네즈 3큰술씩, 꿀 1큰술, 다진 양파 1큰술, 레몬즙 2큰술, 소금·흰 후춧가루 조금씩

데리야키 소스

달착지근하면서 감칠맛이 나는 소스. 장어구이나 연어구이, 우엉조림 등의 소스로 이용하면 맛있다.

간장 4큰술, 가다랑어 국물(또는 다시마국물) 4큰술, 설탕·청주 2큰술씩, 물엿 2작은술

타르타르 소스

고소하면서도 깔끔한 맛을 내는 소스. 생선커틀릿이나 새우튀김 등에 곁들이면 어울린다.

마요네즈 3큰술, 다진 양파·우유·레몬즙 1큰술씩, 소금·흰 후춧가루 조금씩

오리엔탈 간장 소스

산뜻한 맛의 야채 샐러드나 두부, 묵, 해초류를 주재료로 한 샐러드에 잘 어울린다.

간장 2큰술, 식초·설탕 1큰술씩, 참기름·청주 1/2큰술씩, 다진 파·다진 마늘 조금씩, 깨소금 조금

오리엔탈 된장 소스

된장에 식초, 설탕을 첨가해 맛을 낸 소스. 각종 잎채소나 새싹 채소, 묵 등의 소스로 어울린다.

된장·식초·설탕·참기름 2큰술씩, 통깨 4큰술, 청주 1큰술

겨자 소스

매콤하면서 새콤달콤한 맛이 나는 소스. 해파리냉채나 양장피, 그 밖의 냉채류에 잘 어울린다.

겨자가루 3큰술, 설탕 4큰술, 오렌지주스 2큰술, 식초 3큰술, 다진 마늘 1작은술, 참기름·소금 조금씩

참깨 소스

고소하면서도 새콤한 맛이 난다. 야채 샐러드, 두부 샐러드 등에 어울리며 샤부샤부 소스로도 이용된다.

땅콩버터·통깨 1큰술씩, 간장 1/2큰술, 꿀 1큰술, 레몬즙 1큰술, 다시마 국물 2큰술

한식에 어울리는 양념장

초고추장 양념

오징어초회, 두릅초회 등의 곁들이 양념

고추장 3큰술, 식초 2큰술씩, 물엿·설탕 1큰술씩, 다진 마늘 1/2큰술, 통깨 1작은술

초간장 양념

전이나 부침 등을 찍어 먹는 용도로 어울린다.

간장·식초 1큰술씩, 설탕 1작은술, 통깨 조금

불고기 양념(고기 600g)

소불고기 양념. 돼지고기를 양념할 때는 청주와 생강즙을 추가한다.

간장 4큰술, 설탕 1큰술, 배즙 1큰술, 다진 파 2큰술, 다진 마늘 1큰술, 다진 파 2큰술, 깨소금 1큰술, 참기름 1큰술, 후춧가루 조금

매운 불고기 양념(고기 600g)

돼지고추장구이, 닭갈비, 오징어불고기, 낙지볶음

고추장·간장 2큰술씩, 고춧가루 4큰술, 설탕·물엿 2큰술씩, 청주 1큰술, 다진 파 2큰술, 다진 마늘 1큰술, 다진 생강 1작은술, 깨소금·참기름 1큰술씩, 소금·후춧가루 조금씩

갈비찜 양념(갈비 1kg)

쇠갈비찜, LA갈비구이, 돼지갈비(기본 갈비찜 양념에 생강즙 1/2큰술 첨가)

간장 5큰술, 배즙 1/2컵, 설탕 1큰술, 물엿·청주 2큰술씩, 다진 파 2큰술, 다진 마늘 1큰술, 깨소금·참기름 1큰술씩, 후춧가루 1/2큰술

간장조림 양념(400g)

감자조림, 두부조림, 연근·우엉조림, 멸치볶음

간장 4큰술, 설탕 1큰술, 물엿 2큰술, 청주 1큰술, 물 1컵

매운 조림 양념(400g)

두부조림, 북어찜, 생선조림(기본 매운 조림 양념에 생강즙 1/2작은술, 청주 1큰술 첨가)

간장 3큰술, 고추장 1큰술, 설탕·고춧가루 1/2큰술씩, 다진 파 1큰술, 다진 마늘·깨소금·깨소금 1작은술씩

매운탕 양념(4인분)

생선매운탕, 매운 찜(기본 매운탕 양념에 깨소금, 참기름 1작은술씩 첨가)

고춧가루 3큰술, 다진 마늘 2큰술, 다진 파 2큰술, 다진 생강 1/2큰술, 청주 1큰술, 소금·후춧가루 조금씩, 육수 2큰술

매운 무침 양념(400g)

오징어생채, 골뱅이무침, 도라지오이무침

고춧가루 2큰술, 고추장·간장 1큰술씩, 식초2큰술, 설탕·물엿 1큰술씩, 다진 마늘 1/2큰술, 깨소금·참기름 조금씩

된장나물 양념(400g)

냉이나물, 우거지된장무침

된장 2큰술, 고추장 1/2큰술, 고춧가루·설탕 1작은술씩, 다진 파 1큰술, 다진 마늘 1/2큰술, 깨소금·참기름 조금씩

자주 쓰이는 재료 손질하기

음식은 재료 손질이 절반이죠. 신선한 재료를 골라 손질을 잘하면 맛도 좋고 영양 효율도 높일 수 있어요. 채소·해물·가공식품 등 종류별로 몇 가지 요령만 익히면 쉽게 손질할 수 있어요.

채소류

오이

수분이 많고 칼륨과 비타민 A·C가 풍부한 대표적인 여름 채소. 샐러드나 무침 등에 쓴다. 무침을 할 때는 소금에 절여야 물이 안 생긴다.

고르기 모양이 쭉 고르고 오톨도톨한 가시가 살아 있는 것을 고른다.

손질하기 굵은 소금을 손에 쥐고 위아래로 문질러 깨끗한 물에 헹군다. 뾰족한 가시는 칼로 쳐내듯이 긁어내고 쓴맛이 나는 꼭지 부분은 넉넉히 잘라낸다.

애호박

비타민 A가 풍부한 대표적인 여름 채소. 기름으로 조리하면 비타민 A 흡수가 잘 된다.

고르기 탄력 있고 표면에 윤기가 흐르며 모양이 쭉 고른 것이 좋다. 오븐구이에는 짙은 청록색의 주키니 호박이 좋다.

손질하기 꼭지를 자른 뒤 용도에 맞게 썬다. 속 씨 부분이 연하기 때문에 모양이 망가지지 않도록 조리하는 것이 포인트.

감자

당질 외에 비타민 B군과 C, 칼슘과 칼륨이 풍부하다. 볶음이나 찌개, 샐러드 등 다양하게 이용된다.

고르기 껍질이 얇고 단단하며 모양이 둥글고 매끈한 것을 고른다. 색이 푸르스름하거나 싹이 난 것은 피한다. 표면이 일어나 있거나 쭈글쭈글한 것은 묵은 것이니 주의할 것.

손질하기 감자의 눈에는 독소 성분이 있으니 말끔히 도려낸다. 서늘하고 어두운 상온에 보관하는 것이 좋다.

당근

베타카로틴과 비타민 C가 풍부하다. 샐러드에 많이 이용되며, 다양한 요리에 부재료로 들어간다.

고르기 색이 선명하고 모양이 고른 것을 고른다. 밑동이 검거나 울퉁불퉁한 것은 묵은 것이니 주의할 것.

손질하기 칼이나 필러로 껍질을 벗긴다. 매끈한 것이 손질하기에 편리하다.

가지

주성분은 당질이지만 칼로리가 적고 미네랄이 풍부하다. 기름으로 조리하면 좋다.

고르기 짙은 보라색을 띠고 탱탱하며 윤기가 흐르고 흠집이 없는 것을 고른다. 보라색이 옅은 것은 맛이 떨어진다.

손질하기 기름으로 조리하면 영양 효율이 좋다. 꼭지를 자르고 용도에 맞게 썬다.

무

수분과 비타민 C가 풍부하고, 디아스타아제가 소화 흡수를 돕는다. 김치, 장아찌, 피클를 담그거나 국물요리 등에 부재료로 이용된다.

고르기 희고 싱싱하며 모양이 고르고 단단한 것을 고른다. 표면이 울퉁불퉁하거나 말라 있는 것은 속에 바람 든 것일 수 있다.

손질하기 수세미로 문질러 씻은 후 깊게 패인 부분이나 흙이 묻은 부분을 칼로 도려낸다. 냉장고에 건조한 상태로 두면 바람이 들기 쉬우므로 자주 물을 뿌려준다.

배추

비타민 A와 C, 섬유질이 풍부하다. 김치를 담그면 미네랄과 유산균을 효율적으로 섭취할 수 있다.

고르기 밑동 부분이 싱싱하고 속이 꽉 차, 묵직한 것을 고른다. 잎의 색이 흰색과 녹색으로 뚜렷하게 구분되는 것이 좋은 것이다.

손질하기 밑동 부분을 잘라 한 잎씩 벗긴다. 김치를 담글 때는 한두 번 헹군 후 소금에 절여서 씻어야 잎이 부서지지 않는다. 신문지로 싸서 냉장고에 두면 오래 보관할 수 있다.

양파

비타민 B·C가 풍부하고 당질이 많아 단맛이 난다. 단백질의 분해를 도와 고기의 연육제로도 쓰인다. 다양한 요리에 부재료로 사용되어 맛을 더한다.

고르기 껍질이 잘 마르고 단단하며 반질반질 윤이 나는 것을 고른다. 껍질이 쪼글쪼글한 것은 오래된 것이므로 피한다.

손질하기 마른 껍질을 벗기고 용도에 따라 썬다. 채 썰 때는 반 갈라 엎어놓고 세로로 촘촘히 썰고 다질 때는 다시 가로로 촘촘히 썬다. 건조하면 마르기 쉽고 습기가 많으면 썩기 쉬우므로 적당한 습도를 유지하도록 한다.

부추

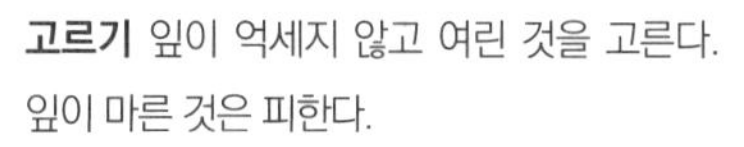

독특한 향이 나는 성분이 입맛을 돋우고 혈액순환을 촉진하는 작용을 한다. 정력을 돕는 식품으로도 알려져 있다.

고르기 잎이 억세지 않고 여린 것을 고른다. 잎이 마른 것은 피한다.

손질하기 깨끗이 다듬은 뒤 양손에 가지런히 모아 잡고 흐르는 물에 씻는다. 거칠게 다루면 흐트러지고 꺾여서 풋내가 나기 쉬우므로 주의한다.

시금치

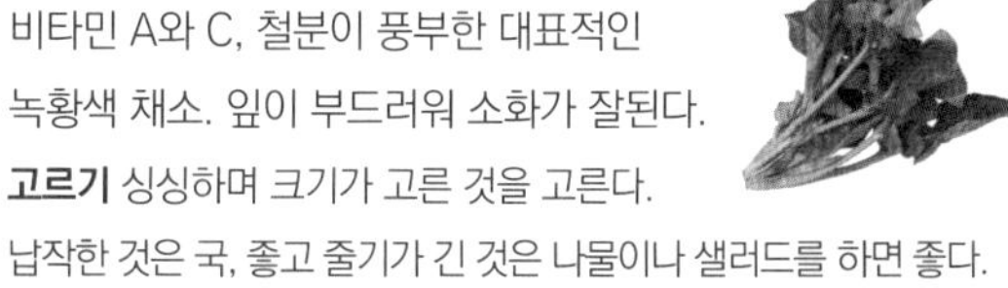

비타민 A와 C, 철분이 풍부한 대표적인 녹황색 채소. 잎이 부드러워 소화가 잘된다.

고르기 싱싱하며 크기가 고른 것을 고른다. 납작한 것은 국, 좋고 줄기가 긴 것은 나물이나 샐러드를 하면 좋다.

손질하기 뿌리를 자르고 다듬어 흐르는 물에 씻는다. 보관할 때는 씻지 말고 신문지에 싼 채 냉장고 채소칸에 둔다. 스프레이로 물을 뿌려주면 더 오래 간다.

양배추

비타민 A와 C, 궤양에 좋은 비타민 U, 혈액을 응고시키는 비타민 K가 풍부하다. 샐러드를 하거나 쪄서 쌈을 싸 먹는다.

고르기 겉잎을 많이 떼어내어 울퉁불퉁한 것은 피하고 푸른 겉잎이 그대로 붙어 있는 싱싱한 것을 고른다. 묵직한 것이 속이 알차다.

손질하기 한 잎씩 벗겨 용도에 맞게 썬다. 많이 사용할 때는 통째로 잘라 한꺼번에 썰면 편리하다.

풋고추

비타민 A와 C가 풍부하다. 매운맛을 내는 캅사이신이 소화를 촉진하고 체지방을 분해하는 효과가 있다.

고르기 껍질이 두껍고 씨가 적으며 색깔이 선명하고 윤기가 나는 것을 고른다.

손질하기 꼭지를 떼어내고 물에 깨끗이 씻는다. 용도에 따라 반 갈라 씨를 털어내고 사용하거나 통째로 송송 썬다.

브로콜리

비타민 A가 카로틴의 형태로 들어 있고 C는 레몬의 2배로 많다. 송이를 나누어 데쳐서 샐러드 등에 사용한다.

고르기 색진한 초록빛으로 통통한 것이 좋다. 누렇게 색이 변한 것은 오래된 것이다.

손질하기 흐르는 물에 씻은 뒤 적당히 송이를 나눈다. 기름으로 볶거나 끓는 물에 데쳐서 사용한다.

버섯

섬유질과 비타민 B_2가 풍부하고 칼로리가 적은 건강식품. 글루탐산이 특유의 감칠맛을 낸다. 말린 표고버섯은 특히 비타민 D가 풍부하다. 표고, 송이, 양송이, 팽이버섯 등 종류가 다양하다.

고르기 기둥이 짧고 살이 두툼하며 광택이 나는 것, 주름 부분이 하얗고 선명한 것을 고른다.

손질하기 말린 표고버섯은 따뜻한 물에 충분히 불려서 부드럽게 한다. 깔끔한 요리에는 기둥을 잘라내고 갓만 사용한다. 팽이버섯은 밑동을 넉넉히 잘라내고, 양송이는 모양을 살려 세로로 썬다.

파프리카

비타민 A가 카로틴의 형태로 많이 들어 있고 비타민 C도 풍부하다. 당질도 풍부해 달착지근한 맛이 난다.

고르기 색이 진하고 광택이 있으며 살이 두터운 것, 모양이 반듯한 것을 고른다.

손질하기 꼭지를 떼고 속과 씨를 털어낸 후 물에 깨끗이 씻는다.

단호박

몸속에서 비타민 A로 바뀌는 베타카로틴이 많으며 부기와 다이어트 효과가 있다. 소화 흡수가 잘돼 죽을 만들어 먹거나 찜, 샐러드 등에 사용한다.

고르기 묵직하되 두드려보아 속이 빈 소리가 나는 것을 고른다. 골이 깊게 파이고 꼭지가 쏙 들어간 것이 맛있다.

손질하기 반 갈라 숟가락으로 씨를 긁어낸다. 자를 때는 도마 위에 엎어놓고 골을 따라 자르고, 껍질을 쳐내듯이 깎는다. 단단해서 손을 다칠 수 있으니 조심한다.

토마토

비타민 A가 특히 많고 비타민 C도 풍부한 편. 위액의 분비를 촉진하고 단백질의 소화를 도와 샐러드나 디저트로 많이 이용된다.

고르기 탄탄하며 꼭지가 싱싱한 것을 고른다. 상온에서 빨갛게 익으므로 약간 덜 익은 것을 고른다.

손질하기 꼭지를 도려내고 용도에 따라 자른다. 꼭지 부분을 포크로 찔러 뜨거운 물에 잠깐 담그면 껍질이 쉽게 벗겨진다.

깻잎

비타민 A가 시금치보다 많고 엽산, 철분도 풍부하다. 특유의 향이 입맛을 돋우고 고기 누린내를 없애줘 고기와 함께 먹으면 좋다.

고르기 윤기가 있고 까슬까슬하며 줄기에 잔가시가 솜털처럼 나 있는 것이 싱싱하다.

손질하기 한 장씩 흐르는 물에 앞뒤로 깨끗이 씻은 다음 여러 장씩 포개어 잡고 툭툭 털어 물기를 없앤다.

상추

비타민 A와 B군, C, 칼슘이 풍부해 체질 개선 효과가 높다. 쌉쌀한 맛이 식욕을 돋우고 신경 안정과 불면증 해소에 좋다. 고기요리에 쌈을 곁들이거나 무쳐서 먹는다.

고르기 끝이 무르거나 찢어진 것은 피하고 연한 잎을 고른다. 연둣빛으로 모양이 고른 것, 자줏빛으로 잎이 넓적한 것 2종류가 있다.

손질하기 잎이 찢어지지 않도록 조심하면서 흐르는 물에 흔들어 씻고 물기를 턴다.

대파

독특한 향을 내는 알리신 성분이 고기나 생선의 냄새를 없애고 살균 작용을 한다. 거의 모든 한국 음식에 들어가 맛을 높여준다.

고르기 줄기가 곧고 단단하며 묵직한 것, 흰 부분이 많고 윤기가 흐르는 것을 고른다.

손질하기 뿌리를 자르고 지저분한 껍질을 벗긴 뒤 용도에 따라 어슷하게 썰거나 송송 썬다.

마늘

거의 모든 한국음식에 감초처럼 들어가는 양념. 매운맛을 내는 알리신 성분에 항균·항바이러스는 물론 항암효과가 있고, 스태미나에도 좋다.

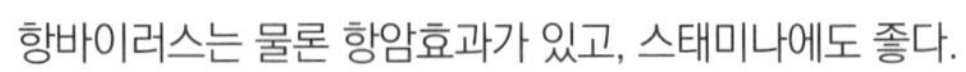

고르기 알이 통통하고 굵기가 고르며 빛깔이 하얀 것을 고른다. 통마늘은 껍질이 얇고 불그스름한 것이 좋다.

손질하기 마른 꼭지가 붙은 부분을 칼로 도려낸 뒤 용도에 따라 통으로, 또는 으깨거나 다져서 쓴다. 넉넉히 다져서 얼린 다음 깍두기처럼 썰어 냉동실에 보관하면 그때그때 사용하기 편리하다.

청경채

중국요리에 많이 쓰이는 채소. 고기와 함께 볶음을 하면 색과 영양 면에서 균형이 맞는다.

고르기 포기째 쓰는 경우가 많으므로 너무 큰 것보다는 작고 연한 것을 고른다.

손질하기 밑동을 잘라내고 흐르는 물에 흔들어 씻은 뒤 물기를 턴다.

생선·해물류

고등어

단백질 함량이 높고 불포화지방산이 풍부한 대표적인 등 푸른 생선.

고르기 등이 암청색으로 윤기가 흐르며 살이 단단하고 탄력이 있는 것을 고른다.

손질하기 통째로 굽거나 토막을 내서 조리한다. 보관할 때는 내장을 빼내고 밑손질을 해서 소금을 뿌려 둔다.

북어

명태를 바짝 말린 것. 북어 중에서도 가장 고급으로 치는 것이 '황태'다. 메티오닌과 아스파라긴산 같은 아미노산이 풍부해 피로 해소와 간의 해독에 좋다.

고르기 살이 포슬포슬하고 살빛이 노란 것을 고른다. 오래된 것은 지방이 산화되어 묵은내가 난다.

손질하기 방망이로 두들겨 살을 부드럽게 한 다음 통으로 또는 쪼개어 사용한다. 북엇국을 끓일 때는 쪼갠 채로 파는 것이 편하다.

멸치

칼슘이 풍부한 대표적인 뼈째 먹는 생선. 잔멸치는 볶음으로 굵은 멸치는 국물을 내는 데 주로 쓴다.

고르기 잔멸치는 보얀 빛이 나는 것을, 국멸치는 크고 푸르스름한 광택이 나는 것을 고른다. 누런 것은 지방이 산화한 것일 수 있으니 피한다.

손질하기 굵은 것은 내장을 떼어내고 손질한다. 잔멸치는 체에 흔들어 잔가루를 털어낸다.

굴

질 좋은 단백질과 칼슘, 철분, 비타민이 풍부해 '바다의 우유'라 불린다. 아연과 각종 아미노산이 풍부해 강정 효과도 있다.

고르기 빛깔이 선명하고 유백색을 띠며 광택이 도는 것이 신선하다.

손질하기 껍데기와 잡티를 골라내고 엷은 소금물에 가볍게 헹군다. 씻은 굴은 쉽게 상하므로 주의한다.

조개

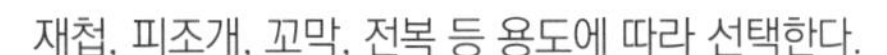

타우린, 메티오닌, 글리코겐 등 필수아미노산이 풍부하고 감칠맛이 좋다. 모시조개, 바지락, 재첩, 피조개, 꼬막, 전복 등 용도에 따라 선택한다.

고르기 벌어진 틈을 살짝 건드려 얼른 입이 닫히면 신선한 것이다.

손질하기 엷은 소금물에 담가 해감을 토하게 한다. 재첩 같은 민물조개는 맹물에 담가두는 것이 요령. 너무 높은 온도에서 익히면 살이 단단해지므로 낮은 온도에서 서서히 익힌다.

새우

고유의 풍미가 좋고 각종 아미노산과 몸에 좋은 키토산 성분이 많이 들어 있다.

고르기 껍질에 윤기가 있고 만져봐서 탄력이 있으며 투명한 느낌이 드는 것이 신선하다.

손질하기 등 쪽에 꼬치를 넣어 내장을 빼낸다. 용도에 따라 머리를 떼어내고 껍질을 벗겨서 사용하기도 한다. 튀김을 할 때는 꼬리 쪽의 물집을 제거해야 기름이 튀지 않는다.

게

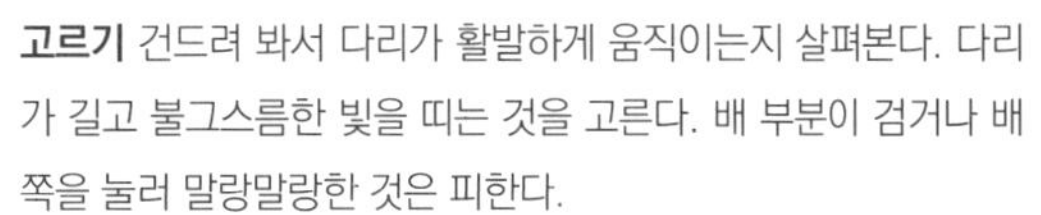

고유의 풍미가 좋고 각종 아미노산과 몸에 좋은 키토산 싱분이 많이 들어 있다.

고르기 건드려 봐서 다리가 활발하게 움직이는지 살펴본다. 다리가 길고 불그스름한 빛을 띠는 것을 고른다. 배 부분이 검거나 배 쪽을 눌러 말랑말랑한 것은 피한다.

손질하기 솔로 껍질을 깨끗이 문질러 닦고 등딱지와 아가미를 떼어낸 뒤 몸통을 토막 낸다.

오징어

단백질이 풍부한 반면 조직이 질기므로 부드럽게 조리해서 먹어야 한다.

고르기 몸통을 눌러봐서 살이 탱탱하고, 빛깔이 투명감 있는 적갈색을 띠는 것이 좋다.

손질하기 손을 넣어 먹물과 내장을 꺼내고 연골막을 떼어낸다. 용도에 따라 껍질을 벗기기도 하는데, 껍질에 소금을 묻혀 잡아당기면 쉽게 벗겨진다.

요리의 감초, 허브와 향신료

서양요리의 특징은 개성 있는 허브와 향신료에 있어요. 맛을 돋우고 풍미를 좋게 하는 허브와 향신료를 잘 사용하면 맛내기가 쉽답니다. 허브 한 줄기와 향신료 조금으로 맛을 한 단계 업그레이드시켜 보세요.

은은한 향, 허브

바질 Basil
토마토와 잘 어울리며, 생선에 넣으면 비린내가 가신다. 맛이 강하지만, 독성이 적어 생으로 먹어도 좋다. 해물 파스타에 넣으면 맛있다.

파슬리 Parsley
향이 좋아 이탈리아 요리에 흔히 쓰인다. 잎이 곱슬곱슬한 일반 파슬리와 납작한 이탈리안 파슬리가 있다. 이탈리안 파슬리가 향이 더 강하다. 완성된 요리에 말린 파슬리가루를 뿌려 모양을 내기도 한다.

월계수 잎 Bay leafs
말린 잎이어야 향이 난다. 향이 강한 편이므로 적당히 사용해야 한다. 흔히 토마토 소스를 만들 때 사용하는데, 냄비 가득한 분량이어도 월계수 잎 2장 정도면 충분하다.

로즈메리 Rosemary
생로즈메리가 향이 좋다. 닭요리, 돼지요리와 궁합이 잘 맞는다. 잘게 다져서 고기 소스를 만들 때 넣기도 하는데, 역시 양을 아주 조금 써야 한다. 생선요리에는 잘 어울리지 않는다.

오레가노 Oregano
토마토와 궁합이 좋다. 생선요리에 조금 뿌리면 비린내를 잡아준다. 많이 쓸 경우 역효과를 내므로 아주 조금씩 뿌려야 한다. 말린 것이 더 향이 좋다.

타임 Thyme
향이 강해서 '백리향'이라고 부른다. 고기와 생선의 절임, 구이에 두루 쓰인다. 방부효과가 뛰어나서 고기의 보관 기간을 늘려주며 맛도 좋게 한다. 잎을 따서 쓰는데, 어린 것은 줄기째 다져서 써도 좋다.

고수 Coriander
특유의 강한 향이 생선이나 육류 요리의 냄새를 잡아준다. 고수라고도 불리며 용도에 따라 줄기잎과 씨를 사용한다. 동남아 요리, 중국요리를 비롯해 전 세계에서 고루 쓰이는 편이다.

케이퍼 Caper
케이퍼의 어린 꽃봉오리로 피클을 만들어 쓴다. 약간 매운맛이 나며, 연어요리 같은 데 통으로 쓰기도 하고 타르타르 소스 같은 데 다져서 넣기도 한다. 다져서 페이스트를 만들어 지중해풍의 요리에 드레싱으로 사용하기도 한다.

요리에 포인트를 주는 향신료

후추 Pepper

고기 누린내나 생선 비린내를 없애는 데 효과적인 가장 대중적인 향신료. 검은 후추와 흰 후추로 나뉜다. 검은 후추는 껍질째, 흰 후추는 껍질을 벗겨 말린 것이다. 검은 후추가 매운 맛과 향이 더하지만 값은 더 싸다. 후춧가루는 맛과 향이 금세 날아가므로 통후추를 구입해 갈아서 쓰는 것이 좋다.

페페론치노 Peperoncino

아주 작은 매운 고추. 이탈리아 남부지방의 요리에 많이 쓰이며, 1인분에 한 개 정도만 사용한다. 말려서 파는 것을 부숴서 쓰기도 한다. 가루로 된 것을 사용하기도 한다.

사프란 Saffron

향신료 중 가장 비싼 편. 사용하기 직전에 미지근한 물이나 육수를 조금 부어 우려내서 쓰는데 향이 매우 진하므로 조금만 사용한다. 다른 향을 쉽게 빨아들이기 때문에 밀폐용기에 담아서 잘 보관하면 비교적 오래 두고 쓸 수 있다.

정향 Clove

정향나무의 꽃봉오리를 말린 것으로 붉은 갈색을 띠며 독특한 향이 난다. 못처럼 생긴 정향은 원재료의 향을 없애버릴 정도로 향기가 강해서 육류의 누린내를 제거하는 데 효과적이다. 봉오리를 구입해서 직접 갈아 쓰는 것이 좋다.

계피 Cinnamon

후추, 정향과 함께 세계 3대 향신료로 꼽힌다. 쿠키나 베이킹, 음료 등에 다양하게 사용하며 사과로 만든 디저트에는 빠지지 않고 들어갈 만큼 사과와 궁합이 잘 맞는다. 커피나 코코아에 계피파우더를 뿌려도 독특한 맛을 즐길 수 있다.

넛멕 Nutmeg

향이 그윽하며 약간 쓰고 매운맛이 난다. 생선요리나 빵, 과자를 만들 때 넣으면 생선과 우유, 달걀의 비린내와 시큼한 냄새를 없애주고 부드러운 맛을 낸다. 육두구라고도 불리는 넛멕은 알이 크고 뾰족한 것이 좋다.

강황 Turmeric

카레의 노란색을 내는 향신료. 카레를 만들 때 강황을 한 스푼 넣으면 카레의 맛과 색이 강해진다. 강황은 분말 형태로 판매되는데, 오래 보관해도 색은 잘 변하지 않지만 향이 사라지고 묵은내가 나기 쉬우므로 적당량씩 구입해 밀폐용기에 보관한다.

팔각 Star Aanise

목련과의 작은 상록수 열매를 말린 것으로 꼬투리가 8개 달린 형태여서 팔각이라고 부른다. 고기의 누린내를 없애는 데 효과적이다. 족발을 삶을 때 팔각을 한 개 정도 넣으면 돼지고기의 누린내가 감쪽같이 사라진다.

온 가족이 함께하는 주말이나 휴일, 뭔가 맛있는 것이 먹고 싶을 때 외식 대신 직접 만들어보세요. 이벤트 삼아 함께 요리를 하고 맛있는 음식을 나누면 사랑이 깊어지고 행복감을 맛볼 수 있을 거예요.

part 1

특별하게
즐기는
온 가족 별식

팟타이

매콤 달콤한 소스와 땅콩의 고소한 맛이 잘 어우러진 별미요리입니다.
피시소스나 팟타이 소스가 없다면 굴소스로만 볶아도 좋아요.

Pad Thai

재료(4인분)

쌀국수 300g
새우(중하) 15마리
오징어 1/2마리
숙주나물 2줌
양파 1개
붉은 파프리카 1개
실파 8뿌리
달걀 4개
다진 마늘 2큰술
식용유 적당량

볶음 양념

고추기름 6큰술
팟타이 소스 4큰술
굴소스 4큰술
레몬즙·참기름 3큰술씩
피시소스 4작은술
설탕 조금

고명

굵게 다진 땅콩 4큰술
고수잎 조금

만들기

1 **새우·오징어 손질하기** 새우는 이쑤시개로 등 쪽의 내장을 빼고 껍질을 벗긴다. 오징어는 내장을 빼내고 껍질을 벗겨 링으로 썬다.

2 **채소 준비하기** 숙주는 물에 씻어 건져두고, 양파는 채 썬다. 실파는 5cm 길이로 썰고, 파프리카는 씨를 빼고 채 썬다.

3 **쌀국수 불려서 건지기** 쌀국수를 미지근한 물에 2시간 정도 불린 뒤 건져서 물기를 빼놓는다.

4 **달걀 볶기** 기름 두른 팬에 달걀을 깨뜨려 넣고 젓가락으로 휘저어가면서 볶아 접시에 담는다.

5 **함께 볶기** 팬에 다진 마늘과 새우, 오징어, 채소를 차례로 넣어 볶다가 불린 쌀국수를 넣고 양념을 넣어 볶는다. 마지막에 볶은 달걀과 다진 땅콩을 넣어 섞는다.

1

2

3
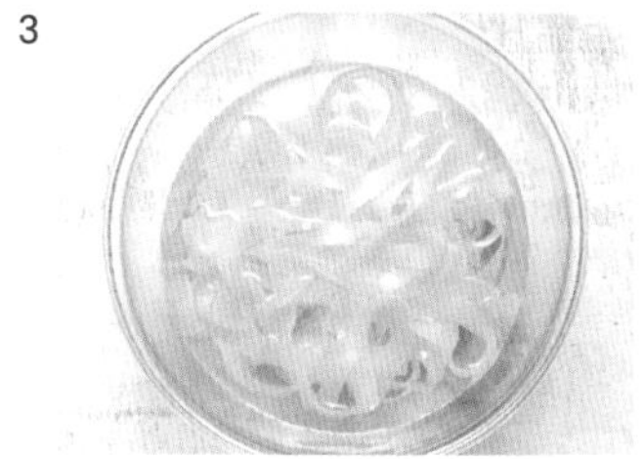

4

cooking tip

타이 소스에 대해 알아볼까요?

피시소스와 팟타이 소스는 가장 많이 쓰이는 타이 소스예요. 피시소스는 생선을 소금에 절여 발효시킨 것으로 우리나라의 액젓과 비슷한 맛이 나고, 팟타이 소스는 향신료가 들어가 새콤한 맛이 나는 소스입니다.

토마토소스 스파게티

토마토를 갈아 넣고 만든 토마토소스 스파게티는 우리 입맛에 잘 맞아요.
재료가 복잡하지 않고 만들기도 쉬워 솜씨 발휘하기에 좋은 별식 메뉴입니다.

재료(4인분)

스파게티 300g
양송이버섯 12개
양파 1개
햄 100g
소금·후춧가루 조금씩
올리브오일 적당량
생크림 1/2컵

토마토소스 (4컵)
토마토 3개
토마토 페이스트 6큰술
다진 쇠고기 100g
다진 양파 1/2개
다진 당근 1/4개
다진 마늘 1큰술
올리브오일 적당량
소금·후춧가루 조금씩
닭 육수 5컵
바질잎 다진 것 조금
파르메산 치즈 1/4컵

파슬리 가루 조금

만들기

1 **스파게티 삶기** 스파게티는 끓는 물에 소금을 조금 넣고 10분 정도 삶는다.

2 **올리브오일 바르기** 다 삶아지면 체에 건져서 올리브오일을 발라 식힌다.

3 **부재료 준비해 볶기** 양파와 햄은 채 썰고 양송이버섯은 세로로 얄팍하게 저며서 오일 두른 팬에 소금·후춧가루로 맛을 내 볶는다.

4 **소스 넣어 볶기** 삶아둔 스파게티를 달군 팬에 살짝 볶은 뒤 생크림을 넣어 걸쭉하게 조리다가 토마토소스를 넣고 끓인다.

5 **부재료 섞기** 토마토소스가 어느 정도 조려지면 볶아놓은 양파와 햄, 양송이버섯을 넣고 섞은 뒤 접시에 담고 파슬리가루를 뿌려 장식한다.

plus recipe

토마토소스 만들기

① 오일 두른 팬에 다진 마늘을 볶다가 다진 쇠고기·양파·당근을 넣고 소금·후춧가루로 간한다. ② 토마토를 다져서 토마토 페이스트와 함께 넣고 닭 육수를 부어 끓인다. 육수 대신 물을 넣어도 된다. ③ 바질잎을 넣고 파르메산 치즈를 넣어 고루 섞는다.

카르보나라

카르보나라는 생크림이 들어가 진하고 고소한 맛이 나는 크림소스 스파게티입니다.
브로콜리 대신 양송이버섯을 넣어도 좋고, 베이컨 대신 쇠고기를 넣어도 맛있어요.

Carbonara

재료(4인분)

스파게티 300g
베이컨 8줄
브로콜리 10송이
다진 양파 1큰술
올리브오일 4큰술
소금·흰 후춧가루 조금씩

크림소스
생크림 5컵
달걀노른자 6개
파르메산 치즈가루 2/3컵

만들기

1 **스파게티 삶기** 스파게티는 끓는 물에 소금과 올리브오일을 넣고 10분 정도 삶아 건진다.

2 **베이컨 굽기** 베이컨은 잘게 다져서 달군 팬에 기름 없이 지진 뒤, 종이타월로 눌러가며 기름기를 닦아낸다.

3 **브로콜리 데치기** 브로콜리는 송이를 나누어 끓는 물에 소금을 조금 넣고 살짝 데친 뒤 찬물에 헹구어 물기를 뺀다.

4 **크림소스 만들기** 생크림과 달걀노른자, 파르메산 치즈가루를 넣고 고루 섞어 크림소스를 만든다.

5 **크림소스에 조리기** 오일을 두른 팬에 다진 양파를 볶다가 스파게티와 베이컨, 크림소스를 넣어 조린다. 마지막에 브로콜리를 넣어 섞고 소금·후춧가루로 간한다.

1

3
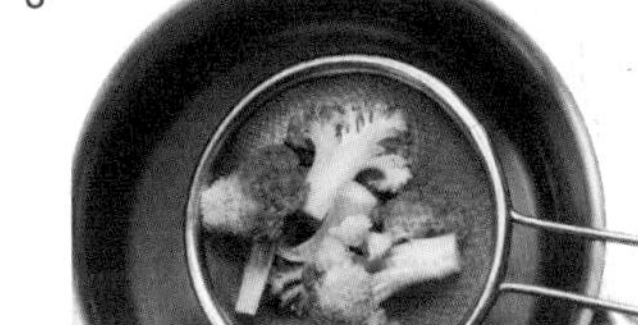

4
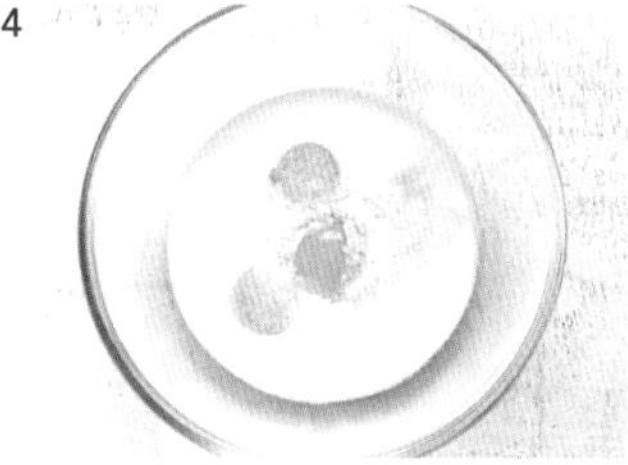

5

cooking tip

스파게티는 심이 딱딱할 정도로 삶아요
스파게티는 심이 약간 살아 있는 정도로 삶는 것이 좋은데 이런 상태를 '알덴테'라고 합니다. 특히 카르보나라는 살짝 딱딱한 정도로 삶아야 크림소스에 버무려도 푹 퍼지지 않아요.

봉골레 파스타

모시조개가 들어간 파스타를 '봉골레'라고 하죠. 감칠맛이 좋은 모시조개를
올리브오일로 볶다가 화이트와인을 넣어 담백하고 깔끔한 맛이 좋아요.

Vongole Pasta

재료(4인분)

스파게티 300g
모시조개 400g

마늘 5쪽
붉은 고추 2개
화이트와인 1/2컵
올리브오일 2큰술
소금·흰 후춧가루 조금씩
바질잎 조금

만들기

1 **모시조개 해감 빼기** 모시조개는 깨끗이 문질러 씻은 뒤 소금물에 넣고 어두운 곳에 30분쯤 두어 해감을 토하게 한다.

2 **파스타 삶기** 끓는 물에 소금을 조금 넣고 스파게티를 넣어 10분 정도 삶는다. 알덴테로 삶아지면 건져서 올리브오일을 살짝 발라둔다.

3 **마늘·고추 썰기** 마늘은 저며 썰고 붉은 고추는 어슷하게 썬다.

4 **재료 볶기** 팬에 올리브오일을 두르고 마늘과 고추를 볶아 향을 낸 뒤 삶은 스파게티와 손질한 조개를 넣어 볶는다.

5 **화이트와인 넣기** 조개가 익으면 화이트와인을 넣고 조리다가 소금과 후춧가루로 간해서 접시 담고 바질잎을 얹어 장식한다.

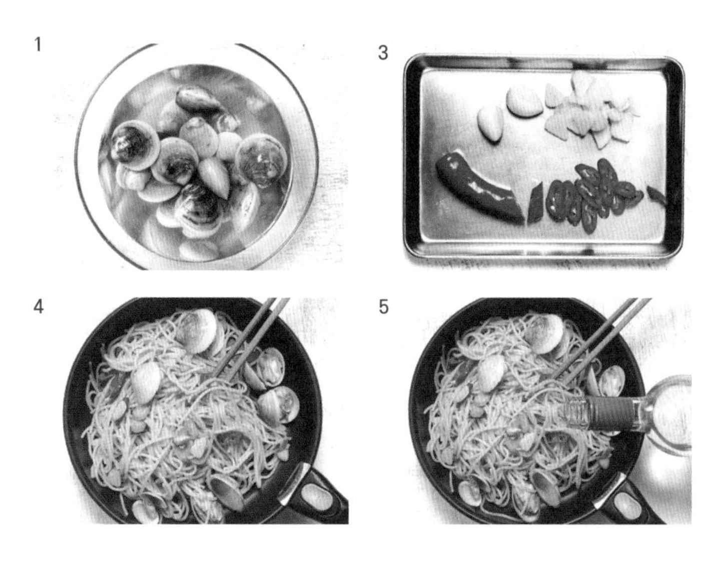
1 3 4 5

cooking tip

조개류는 해감을 빼서 사용하세요

조개류는 잘못하면 모래가 씹힐 수 있으므로 조리 전에 해감을 빼내는 것이 중요해요. 깨끗이 씻은 조개를 바닷물과 비슷한 염도의 소금물에 30분 정도 담가두면 조개 입속에 들어있던 모래와 지저분한 것들이 나오게 됩니다.

안심 스테이크

부드러운 안심을 앞뒤로 구워 후추소스를 끼얹은 전통적인 스테이크입니다.
오래 구우면 육질이 질겨질 수 있으니 불의 세기를 잘 조절해야 해요.

재료(4인분)

쇠고기 안심 600g
소금·후춧가루 조금씩

애호박 1개
소금·후춧가루 조금씩
올리브오일 1큰술

감자 2개
버터 2큰술

방울토마토 10개

후추 소스
통후추 2큰술
도마토 2개
스테이크 소스 2컵
생크림 1컵
버터 1큰술
브랜디 2큰술
소금·후춧가루 조금씩

만들기

1 **쇠고기 밑간해 굽기** 쇠고기 안심은 고기 망치로 두드려 부드럽게 한 다음 소금과 후춧가루를 뿌리고 버터 두른 팬에 앞뒤로 굽는다.

2 **애호박 데쳐 양념하기** 애호박은 길게 저며서 끓는 물에 데친 뒤 소금·후춧가루·올리브오일로 양념한다.

3 **감자·방울토마토 준비하기** 감자는 스쿠프로 동그랗게 떠내서 끓는 물에 삶아 버터에 볶는다. 방울토마토는 끓는 물에 데쳐 껍질을 벗긴 뒤 애호박으로 돌돌 감는다.

4 **소스용 토마토 다지기** 소스에 들어갈 토마토는 열십자로 칼집을 넣어 끓는 물에 살짝 데친 뒤 껍질을 벗기고 잘게 다진다.

5 **소스 만들어 끼얹기** 팬에 버터를 두르고 으깬 통후추와 브랜디, 생크림, 스테이크 소스를 넣어 끓이다가 다진 토마토를 넣고 소금·후춧가루로 간한다.

1 2 3 5

cooking tip

브랜디는 잡냄새를 잡아줘요
기본적인 간만 해서 굽는 스테이크 요리는 고기 특유의 냄새를 없애는 것이 중요해요. 고기에 밑간을 할 때나 소스를 만들 때 브랜디를 넣으면 고기의 잡냄새가 말끔히 사라져요. 브랜디 대신 레드와인을 넣어도 됩니다.

회덮밥

생선회를 올려 매콤 새콤한 초고추장에 비벼 먹는 회덮밥은 여름 별미예요.
횟감으로 참치 대신 한치나 오징어, 홍어무침, 붕장어 등을 올려도 좋아요.

재료(4인분)

밥 4공기

냉동 참치 300g
레몬 1/4개
오이 1개
당근 1/3개
상추 10장
새싹채소 1팩

초고추장
고추장 1/2컵
식초·꿀 4큰술씩
다진 마늘 2큰술
통깨·생강즙 2작은술씩
레몬즙 1작은술

만들기

1 **참치 해동하기** 냉동 참치는 소금물에 담가 반쯤 해동시킨 뒤 종이타월로 눌러 물기를 없앤다.

2 **오이·당근·상추 썰기** 오이와 당근은 3cm 길이로 가늘게 채 썰고, 상추는 흐르는 물에 씻어 굵게 채 썬다.

3 **새싹채소 준비하기** 새싹채소는 물에 흔들어 씻은 뒤 건진다.

4 **참치 썰기** 해동한 참치는 깍두기 모양으로 썰어 레몬즙을 뿌린다.

5 **초고추장과 함께 내기** 재료를 모두 섞어 초고추장을 만든 다음, 그릇에 밥을 퍼 담고 참치와 채소를 모두 얹어 초고추장과 함께 낸다.

cooking tip

냉동 참치는 해동을 잘 시키세요
냉동 참치의 제맛을 내기 위해서는 해동하는 기술이 필요해요. 보통 바닷물과 같은 농도인 3%의 소금물에 담가 녹이는 게 가장 좋은데, 완전히 녹이지 말고 칼이 들어갈 정도로만 녹이세요. 해동한 참치를 다시 얼리는 것은 절대 금물입니다.

규동

쇠고기 덮밥에 가다랑어 장국을 자작하게 부어 먹는 일본식 장국밥.
감칠맛 나는 덮밥 국물이 입에 착 감겨요. 돈가스나 새우튀김으로 만들어도 맛있어요.

재료(4인분)

밥 4공기
쇠고기 (불고기용) 160g
새송이버섯 200g
달걀 4개
양파 1/2개
실파 4뿌리
무순 조금

덮밥 국물

가다랑어포 한 줌
물 6컵
간장 6큰술
맛술 2근술
설탕 1큰술

만들기

1 **쇠고기·버섯 준비하기** 쇠고기는 불고기용으로 준비해 얇게 저며 썬다. 새송이버섯은 밑동을 잘라내고 한 가닥씩 떼어놓는다.

2 **채소 준비하기** 양파는 채 썰고, 실파도 양파와 같은 길이로 썬다. 무순은 찬물에 헹궈 건져둔다.

3 **덮밥 국물 만들기** 끓는 물에 가다랑어포를 넣고 5분쯤 끓여서 체에 거른 다음 간장, 맛술, 설탕을 넣고 좀 더 끓여 덮밥 국물을 만든다.

4 **달걀 풀기** 달걀은 흰자와 노른자가 잘 섞이도록 곱게 풀어놓는다.

5 **국물 만들어 밥에 끼얹기** ③의 국물을 끓이다가 쇠고기, 양파, 실파, 버섯을 넣어 익히고 불을 끈다. 뜨거울 때 달걀물을 부어 반쯤 익힌 다음 뜨거운 밥 위에 끼얹고 무순으로 장식한다.

1

2

3

4

cooking tip

덮밥의 맛을 좌우하는 국물

국물을 부어 먹는 일본식 덮밥으로는 달걀덮밥, 돈가스덮밥, 새우튀김덮밥, 장어덮밥 등이 있는데, 이들 덮밥은 국물이 얼마나 감칠맛이 있느냐가 중요합니다. 그래서 국물을 만들 때 가다랑어포나 다시마 등으로 깊은 맛을 내는 것이 포인트입니다.

일식 볶음우동

'야키소바'라고 불리는 일본식 볶음국수. 청경채, 숙주, 파프리카 등 각종 채소가 푸짐하고
돈가스 소스와 우스터 소스, 가다랑어포의 맛이 어우러져 입에 착 붙는답니다.

재료(4인분)

우동 생면 800g
청경채 6포기
표고버섯 5장
배춧잎 2장
양파 1개
붉은 파프리카 1/2개
숙주나물 100g
대파 1/2대
다진 마늘 1큰술
가다랑어포 조금

소스
돈가스 소스 1컵
우스터 소스 4큰술
물 4큰술
설탕 조금

만들기

1 **채소 준비하기** 청경채는 세로로 길게 다듬고, 표고버섯은 갓만 저며 썰고, 배춧잎·양파·파프리카는 채 썬다.

2 **숙주·대파 준비하기** 숙주나물은 물에 씻어 물기를 빼두고, 대파는 다듬어 씻은 뒤 어슷하게 썬다.

3 **우동 삶기** 끓는 물에 우동을 넣고 쫄깃하게 삶아 건진다.

4 **채소 볶기** 팬에 식용유를 두르고 마늘을 볶아 향을 낸 뒤 양파, 표고버섯, 배추, 대파, 청경채를 넣어 볶는다.

5 **우동·소스 넣어 버무리기** 채소가 거의 익으면 삶은 우동과 소스를 넣어 섞고, 숙주나물을 넣어 살짝 익힌 뒤 가다랑어포를 뿌린다.

1 3 4 5

cooking tip

감칠맛이 풍부한 가다랑어포
가다랑어포는 가다랑어를 건조시켜 대팻밥처럼 얇게 만든 것으로 조금만 넣어도 음식에 감칠맛을 더해줘요. 인공조미료 특유의 단맛이 꺼려진다면 달착지근하면서도 깊은 맛을 내는 가다랑어포로 음식에 맛을 더해보세요.

나시고랭

해산물이나 닭고기, 돼지고기 등을 각종 채소와 섞어 특유의 향신료로 양념한 다음
센 불에서 볶아낸 인도네시아 전통 요리. 입맛에 따라 땅콩 소스나 칠리소스를 곁들이면 좋아요.

Nasi Goreng

재료(4인분)

밥 4공기
양파 1/2개
청·홍 파프리카 1/2개씩
칵테일 새우 20마리
케첩 마니스 6큰술
달걀 4개
식용유 적당량
소금·후춧가루 조금씩

만들기

1 **양파·파프리카 썰기** 양파는 잘게 다지고 파프리카는 꼭지와 씨를 도려낸 뒤 잘게 다진다.

2 **칵테일 새우 준비하기** 칵테일 새우는 체에 밭친 채 흐르는 물에 흔들어 씻는다.

3 **팬에 재료 볶기** 달군 팬에 식용유를 두르고 다진 양파와 파프리카, 칵테일 새우를 볶다가 소금과 후춧가루로 간한다.

4 **케첩 마니스 넣어 볶기** ③에 밥을 넣어 잘 섞은 뒤 케첩 마니스 소스를 넣어 윤기 나게 볶는다.

5 **달걀 프라이 만들기** 달군 팬에 식용유를 살짝 두르고 달걀을 깨뜨려 넣어 반숙으로 프라이를 한다.

6 **그릇에 담기** 볶은 나시고랭을 접시에 담고 위에 달걀 프라이를 얹는다.

1

2

3

4

cooking tip

인도네시아 대표 소스, 케첩 마니스
케첩 마니스는 인도네시아의 대표적인 소스 중 하나로, 단맛이 나는 간장 소스예요. 나시고랭처럼 달착지근한 볶음밥을 만들 때 흔히 쓰이죠. 케첩 마니스가 없다면 굴소스나 피시소스로 대신해도 됩니다.

알밥

날치알만 있다면 냉장고에 있는 재료들로 알밥을 만들어보세요. 톡톡 터지는 날치알이 입맛을 돋워요. 뜨겁게 달군 돌솥에 담아 김치와 채소를 올려 비벼 먹어도 좋아요.

재료(4인분)

밥 4공기

배합초
식초 4큰술
설탕 2큰술
소금 조금

양상추 3장
적양배추 2장
오이 1개
당근 1/2개
배추김치 200g
무순 1팩
단무지 60g
크래미 맛살 8줄
날치알 4큰술

고추장·참기름 적당량

만들기

1 **채소 채 썰어 물에 담그기** 양상추와 적양배추는 5cm 길이로 채 썰고, 오이와 당근도 채 썰어 찬물에 담가둔다.

2 **김치·무순·단무지 준비하기** 김치는 잘게 송송 썰고, 단무지는 물에 한 번 헹궈 잘게 다진다. 무순은 물에 깨끗이 씻어 물기를 뺀다.

3 **맛살 쪼개기** 결이 잘 쪼개지는 크래미 맛살을 구입해 5cm 길이로 썰어 가늘게 찢어놓는다.

4 **밥에 배합초 섞기** 식초, 설탕, 소금을 분량대로 섞어서 녹여 배합초를 만든 뒤 밥에 고루 뿌리고 주걱으로 살살 섞는다.

5 **채소 건져 알밥 담기** 물에 담가둔 채소를 건져 밥 위에 얹고 맛살, 김치, 단무지를 올린다. 날치알과 무순을 맨 위에 얹은 뒤 고추장과 함께 낸다.

1

2

3

4

cooking tip

뚝배기에 담아 돌솥알밥을 만들어보세요
1인용 뚝배기를 이용해 돌솥알밥을 만들어도 좋아요. 뚝배기에 참기름을 골고루 두르고 뜨겁게 달군 뒤 밥을 담고 그 위에 채소와 맛살, 김치, 단무지, 날치알과 무순을 올린 다음 고추장과 함께 내서 비벼먹으면 구수하면서도 맛있어요.

카레 덮밥

강황, 울금 등의 향신료가 들어있어 건강에 좋은 카레. 쇠고기와 각종 채소가 들어가 영양의 균형도 잡혀 있고 만들기도 쉬워 누구나 실력을 발휘할 수 있어요.

재료(4인분)

쇠고기 400g

고기 밑간
다진 마늘 1큰술
소금·후춧가루 조금씩

감자 4개
양파 2개
당근 1개
브로콜리 300g
올리브오일 적당량
물 10컵

카레가루 150g
물 2컵

호두 2컵
꿀 2큰술

만들기

1 **쇠고기 밑간하기** 쇠고기는 사방 1.5cm 크기로 썰어 다진 마늘·소금·후춧가루로 밑간해둔다.

2 **채소 준비하기** 감자, 양파, 당근은 고기와 같은 크기로 썰고, 브로콜리는 먹기 좋게 송이를 나눈다.

3 **쇠고기 볶기** 냄비에 올리브오일을 두르고 쇠고기를 넣어 볶는다.

4 **채소 볶다가 물 붓기** 쇠고기가 익으면 감자와 당근, 양파를 넣고 물 5컵을 부어 끓이다가 브로콜리를 넣는다.

5 **카레 개어 넣기** 카레가루를 물에 개어서 ④에 넣고 잘 저어가며 끓인다. 마지막에 호두와 꿀을 넣어 맛과 영양을 더한다.

cooking tip

덮밥보다 만들기 쉬운 카레볶음밥
카레소스를 만들어 덮밥을 하는 대신, 카레볶음밥을 하면 간편하게 맛을 낼 수 있어요. 채소를 잘게 썰어 밥과 함께 볶다가 카레가루를 솔솔 뿌려서 좀 더 볶으면 맛있는 카레 볶음밥이 됩니다.

쟁반국수

갖은 채소와 국수를 매콤한 양념장에 비벼 먹는 쟁반국수는 여럿이 둘러앉아
푸짐하게 즐길 수 있어요. 손님상에 올릴 때는 개인 접시를 따로 준비하세요.

재료(4인분)

메밀국수(건면) 300g
양파·오이 1개씩
당근·배 1/2개씩
깻잎·상추 10장씩
적양배추 1장

양념장
메밀국수 삶은 물 1컵
고춧가루 5큰술
설탕·식초 4큰술씩
간장·연겨자 2큰술씩
들깨가루 2큰술씩
소금 1/2큰술
들기름 조금

만들기

1 **상추·깻잎 씻기** 상추와 깻잎은 한 장씩 흐르는 물에 깨끗이 씻어 물기를 털고, 적양배추도 물에 씻어 건진다.

2 **재료 썰기** 양파·당근·오이·배는 4cm 길이로 채 썰고, 깻잎·상추·적양배추도 같은 길이로 채 썬다.

3 **메밀국수 삶기** 끓는 물에 메밀국수 건면을 부채처럼 펼쳐 넣고 쫄깃하게 삶아 찬물에 헹궈 건진다.

4 **양념장 만들기** 재료를 모두 섞어 양념장을 만든다.

5 **접시에 담기** 큰 접시에 준비한 재료와 국수를 가지런히 담고 양념장을 곁들인다.

1

2

3

4

cooking tip

또 하나의 별미, 메밀냉면 만들기
여름에는 시원한 메밀냉면을 만들어보세요. 메밀국수를 삶아 찬물에 헹궈 건진 뒤 폰즈 소스에 적셔 먹으면 좋아요. 폰즈 소스는 간장 2큰술에 무즙과 청주 1큰술씩, 가다랑어포 국물 1/2컵, 설탕 1/2큰술을 섞으면 됩니다.

열무냉면

입맛 없는 여름철엔 새콤하고 시원한 열무냉면이 최고! 잘 익은 열무물김치만 있으면
국수를 삶아 김칫국물을 붓기만 하면 되니 이보다 더 쉬운 게 없답니다.

재료(4인분)

냉면 300g
열무김치 2컵

열무김치 양념
식초·설탕 적당량
참기름·깨소금 조금씩

냉면 국물
열무김치 국물 8컵
육수 4컵
식초·설탕·소금 조금씩

붉은 고추 1개

만들기

1 **냉면 삶기** 끓는 물에 냉면을 넣고 1~2분 정도 삶은 뒤 재빨리 찬물에 헹궈 건진다.

2 **1인분씩 사리 짓기** 삶은 냉면은 1인분씩 사리를 만들어 체에 밭쳐 물기를 뺀다.

3 **열무김치 무치기** 열무김치에 설탕, 식초, 참기름, 깨소금을 입맛에 맞게 조절해서 넣어 조물조물 무친다.

4 **냉면 국물 만들기** 열무김치 국물과 육수를 한데 섞고 식초와 설탕, 소금으로 간을 맞춘 뒤 얼음을 띄워 냉면국물을 만든다.

5 **그릇에 담기** 그릇에 냉면국수를 담고 양념에 무친 열무김치를 얹은 뒤 냉면 국물을 붓고 붉은 고추를 송송 썰어 고명으로 올린다.

1

2

3

5

plus recipe

열무김치 담그기
① 열무(1단)는 5cm 크기로 썰어 소금에 절이고, 쪽파(한 줌)도 같은 크기로 썰고, 청·홍고추(3개씩)는 송송 썰어둬요. ② 홍고추(10개)를 곱게 갈아 물(15컵)과 섞고 다진 마늘·다진 생강으로 양념한 뒤 밀가루풀(1컵)을 쑤어서 섞어 열무김치 국물을 만들어요. ③ 김치통에 재료를 모두 담고 김치국물을 부어 익히면 됩니다.

김치 비빔국수

매콤 새콤 고소한 양념장에 비벼 먹는 별미 국수. 매운맛에 약한 아이들에게는
고추장을 줄이고 간장을 첨가해 골동면처럼 비벼줘도 좋아요.

재료(4인분)

소면 400g

배추김치 500g
상추잎 6장
오이 1개
참기름 3큰술
통깨 2큰술

양념장
고추장 5큰술
고춧가루 2큰술
설탕 4큰술
물엿 3큰술
식초 2큰술
간장 1큰술
다진 마늘·다진 파 2작은술씩
후춧가루·참기름 조금씩

만들기

1 **김치 썰기** 배추김치는 잘 익은 것으로 골라 속을 털어내고 꼭 짜서 잘게 썬다.

2 **양념장에 김치 버무리기** 양념장 재료들을 고루 섞어 양념장을 만든 다음 잘게 썬 김치를 넣어 버무린다.

3 **채소 준비하기** 상추는 물에 씻어 건진 뒤 채 썰고 오이는 껍질의 돌기를 잘라낸 뒤 가늘게 채 썬다.

4 **국수 삶기** 끓는 물에 소면을 넣어 쫄깃하게 삶은 뒤 찬물에 여러 번 헹궈 채반에 건져 놓는다.

5 **그릇에 담기** 그릇에 면을 담고 양념장에 버무린 김치와 채 썬 오이, 상추를 올린 다음 참기름과 통깨를 뿌린다.

1

2

3

5

cooking tip

국수를 쫄깃하게 삶는 노하우

국수를 쫄깃하게 삶으려면 물이 넉넉해야 해요. 끓는 물에 국수를 넣을 때는 한꺼번에 면이 잠기도록 하고, 물이 끓어 넘칠 것 같으면 찬물을 1컵 더 부으세요. 다 삶은 뒤에는 재빨리 찬물에 식혀 씻어내야 국수가 훨씬 쫄깃해져요.

돼지고기 된장비빔밥

돼지고기를 밑간해서 볶은 뒤 구수한 된장 양념장으로 쓱쓱 비비기만 하면 끝.
향긋한 깻잎이 곁들여져 더 맛있어요. 특별한 메뉴가 생각나지 않을 때 만들어보세요.

재료(4인분)

밥 4공기

다진 돼지고기 400g
간장·다진 마늘 1큰술씩
후춧가루·참기름 조금씩
식용유 2큰술

된장 양념장
된장 4큰술
참기름 3큰술
멸치가루·콩가루 1큰술씩
청양고추 1개
다진 마늘 1작은술
깨소금 조금

깻잎 20장
통깨 1½큰술

만들기

1 **돼지고기 다지기** 돼지고기는 살코기로 준비해 곱게 다진다.

2 **돼지고기 양념하기** 다진 돼지고기에 간장, 다진 마늘, 참기름, 후춧가루를 넣고 골고루 무쳐 간이 배게 둔다.

3 **돼지고기 볶기** 달군 팬에 식용유를 두르고 양념해둔 돼지고기를 센 불에서 달달 볶는다.

4 **깻잎 채 썰기** 깻잎은 흐르는 물에 한 장씩 깨끗이 씻어 물기를 턴 뒤 가늘게 채 썬다.

5 **양념장 만들어 밥에 얹기** 양념장 재료를 모두 섞어 된장 양념장을 만든 뒤 따뜻한 밥 위에 볶은 돼지고기, 채 썬 깻잎과 함께 올리고 통깨를 뿌린다.

cooking tip

깻잎 대신 다른 채소를 이용해보세요
비빔밥은 흔히 고추장으로만 양념을 하는데, 된장으로 양념해서 비벼도 새로운 맛이 나요. 된장비빔밥에는 깻잎뿐만 아니라 상추, 열무, 배추우거지 등이 잘 어울려요. 된장비빔밥을 동그랗게 빚어서 쌈에 하나씩 싸서 도시락에 넣어도 좋아요.

마파두부 덮밥

네모지게 썬 두부와 다진 돼지고기를 매콤한 고추기름과 두반장 소스로 볶은 중국식 두부요리. 녹말물을 넣어 걸쭉하게 끓이면 정말 먹음직스러워요.

재료(4인분)

밥 4공기

두부 1모
다진 돼지고기 200g
다진 청·홍고추 2큰술
다진 마늘 1큰술
다진 생강·대파 조금씩
고추기름 2큰술

마파두부 소스
육수 2컵
두반장·간장·맛술 4큰술씩
설탕 2작은술
녹말물 2큰술(물 : 녹말가루 = 1 : 1)

참기름 2작은술

만들기

1 **두부 썰기** 두부는 사방 1cm 크기로 깍둑 썬다.

2 **마늘·생강 볶기** 팬에 고추기름을 두르고 다진 마늘과 생강을 볶아 향을 낸다.

3 **돼지고기 볶기** 마늘 향이 퍼지면 다진 돼지고기와 다진 청·홍고추, 대파를 넣어 볶는다.

4 **두부 넣고 간하기** 돼지고기가 익으면 육수를 부어 끓이다가 두부를 넣고 두반장, 간장, 맛술, 설탕을 넣어 맛을 낸다.

5 **녹말물 넣기** ④에 녹말물을 넣어 잘 젓는다. 걸쭉해지면 참기름을 넣어 고루 섞은 뒤 밥에 얹는다.

cooking tip

고추기름, 직접 만들어보세요
고추기름은 마트에서 쉽게 구할 수 있지만 집에서도 간단히 만들 수 있어요. 식용유에 다진 파와 마늘, 생강, 굵은 고춧가루를 넣고 전자레인지에 넣어 기름이 살살 끓을 정도로 돌린 뒤 거름종이에 걸러요. 건더기는 버리고 걸러진 기름만 밀봉이 잘 되는 병에 넣어 서늘한 곳에 보관하면 됩니다

새우달걀 볶음밥

냉장고에 있는 재료로 값싸고 쉽게 준비할 수 있는 스피드 볶음밥이에요.
새우와 오징어, 달걀, 채소가 골고루 들어가 영양 면에서 손색없어요.

Shrimp Egg Fried Rice

재료(4인분)

밥 4공기

칵테일 새우 200g
잘게 썬 오징어 200g
달걀 4개
양파·당근 1/2개씩
굴소스 1큰술
다진 마늘 1큰술

실파 1뿌리
참기름 2작은술
소금 조금
식용유 적당량

만들기

1 **오징어·새우 준비하기** 오징어는 손질해서 잘게 썰고, 칵테일 새우는 체에 밭친 채 물에 헹궈 물기를 뺀다.

2 **양파·당근·실파 썰기** 양파와 당근은 잘게 다지고, 실파는 송송 썬다.

3 **달걀 익히기** 달군 팬에 식용유를 두르고 푼 달걀을 흘려 넣고 휘저어 살짝 익힌 뒤 접시에 따로 담아둔다.

4 **양파·당근 볶기** 달군 팬에 식용유를 두르고 다진 양파와 당근을 볶는다.

5 **오징어·새우 넣기** 반쯤 익으면 다진 마늘과 오징어, 새우를 넣고 볶다가 굴소스를 넣고 좀 더 볶는다.

6 **밥 넣어 볶기** 밥을 넣고 소금으로 간을 맞춘 뒤 달걀볶음과 실파, 참기름을 넣어 고루 섞는다.

cooking tip

채소를 썰어 냉동해두면 편리해요

감자, 당근, 양파, 파프리카 등 자주 쓰이는 채소는 잘게 썰어 지퍼백이나 칸칸 용기에 넣어 냉장고에 보관해두세요. 필요할 때마다 꺼내 쓰면 조리시간을 10분 이내로 단축할 수 있어요. 특히 볶음밥을 할 때 아주 요긴해요.

늘 수고하는 남편과 사랑하는 아이들에게 정성껏 만든 건강식으로 사랑을 전해보세요. 몸에 좋은 재료들로 입맛과 건강을 동시에 잡을 수 있답니다. 원기 회복을 돕고 면역력을 길러주는 음식들을 모아봤어요.

part 2

면역력
키워주는
가족 건강식

황기흑미백숙

기운을 보충해주는 황기와 수삼, 밤·대추·은행·잣 등 여러 가지 견과류를 넣고 푹 끓인 닭백숙.
여름철, 몸이 허약해졌을 때 준비하면 온가족의 영양을 챙길 수 있어요.

재료(4인분)

닭 1마리(1kg)
흑미찹쌀 1/2컵
찹쌀 1/2컵
황기 7~10뿌리(30g)
수삼 2뿌리
밤 2개
대추·은행 5알씩
잣 1작은술
마늘 5쪽
물 12컵
송송 썬 대파 2큰술
소금·후춧가루 조금씩

만들기

1 **닭 손질하기** 닭은 꽁지 끝과 겨드랑이의 노란 기름덩어리를 가위로 잘라내고 물에 헹군다.

2 **쌀 불리기** 흑미찹쌀과 찹쌀을 물에 충분히 불렸다가 건져 물기를 뺀다.

3 **부재료 준비하기** 수삼과 대추는 솔로 구석구석 깨끗이 씻는다. 밤은 속껍질을 벗기고, 은행·잣·마늘은 물에 씻어둔다.

4 **황기 불려서 끓이기** 냄비에 물 12컵을 붓고 황기를 넣어 30분 정도 불렸다가 끓인다. 국물이 10컵으로 줄면 황기는 건지고 국물은 체에 거른다.

5 **재료 넣어 끓이기** 냄비에 닭과 수삼, 마늘을 넣고 ④를 부어 끓이다가 흑미찹쌀·찹쌀·밤·대추·잣을 넣고 더 끓인다. 쌀이 퍼지면 소금·후춧가루로 간한 뒤 송송 썬 대파와 은행을 넣어 살짝 익힌다.

1
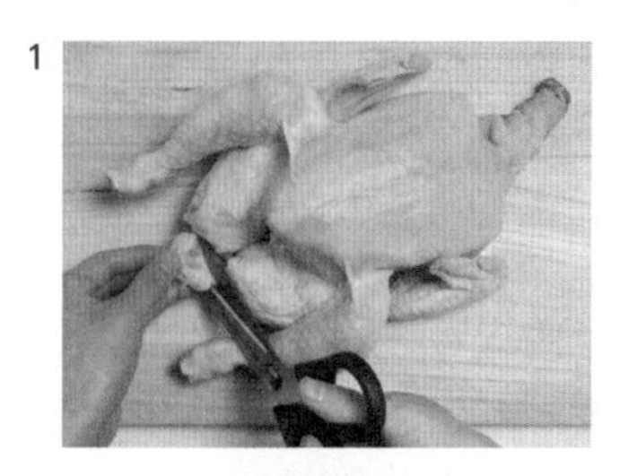

3

4

5

cooking tip

황기는 물에 불려서 사용하세요

황기는 원기회복을 돕는 약재로 여름철 보양식을 만들 때 자주 쓰여요. 특히 삼계탕이나 백숙에 넣으면 닭고기 특유의 누린내도 사라져요. 바짝 마른 재료이기 때문에 물에 불려서 끓여야 국물이 더 잘 우러납니다.

장어구이

불포화지방산이 풍부한 장어는 체력 보강에 좋은 음식이에요. 가족 건강을 위해
집에서 직접 장어구이를 해보세요. 간장 소스에 고추장을 조금 섞으면 느끼한 맛을 줄일 수 있어요.

재료(4인분)

장어 2마리
생강 5쪽
실파 2뿌리

양념장
장어 뼈 국물 1컵
간장·청주 1/2컵씩
고추장·물엿 3큰술씩
설탕 1큰술
마늘·생강즙 1큰술
고춧가루 1큰술

만들기

1 **장어 손질하기** 장어는 손질한 것으로 구입해 물에 헹군 뒤 종이타월로 핏기와 물기를 닦는다. 구입할 때 손질한 장어 뼈와 머리도 함께 챙긴다.

2 **장어 뼈 국물 우려내기** 장어 뼈와 머리를 석쇠에 살짝 구운 뒤 냄비에 물을 붓고 중간 불에서 끓여 장어 뼈 국물 1컵을 만든다.

3 **양념장 끓이기** 장어 뼈 국물에 나머지 양념 재료를 넣고 국물이 걸쭉해질 때까지 끓인다. 떠오르는 거품은 걷어낸다.

4 **생강 썰기** 생강은 곱게 채 썰어 찬물에 담갔다가 건지고, 실파는 잘게 송송 썬다.

5 **석쇠에 굽기** 달군 석쇠에 장어를 올려 양념장을 발라가면서 앞뒤로 굽는다. 장어가 고루 익으면 먹기 좋게 썰어 접시에 담고 채 썬 생강과 실파를 올린다.

1
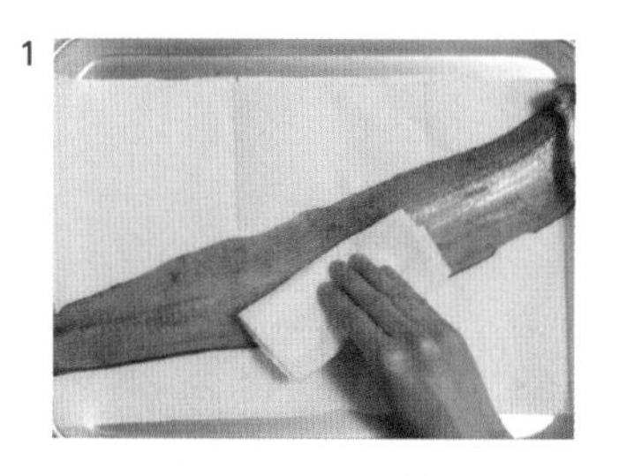

2
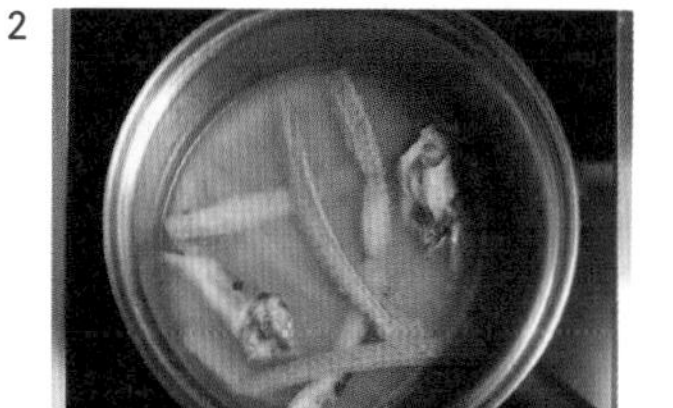

4

5

plus recipe

데리야키 장어구이 (4인분)
장어 2마리, 데리야키 소스(간장 1/2컵, 설탕·청주 3큰술씩, 물엿 1큰술, 생강 1쪽)
① 장어는 물에 헹군 뒤 종이타월로 물기를 닦아낸다. ② 데리야키 소스용 생강은 얇게 저민다. ③ 간장, 설탕, 청주, 물엿, 저민 생강을 한데 넣고 끓여 데리야키 소스를 만든다. ④ 손질한 장어에 데리야키 소스를 발라가며 굽는다.

마늘패주 꼬치구이

마늘과 패주, 파프리카를 꼬치에 꿰어 양념장을 발라 구운 요리. 스태미나를 좋게 하고 면역력을 높여주는 마늘을 다양하게 조리해 매일 꾸준히 먹으면 면역력이 좋아져요.

Grilled Garlic and Scallop Skewers

재료(4인분)

통마늘 2통
청·홍 파프리카 1개씩

패주 5개
저민 마늘 1쪽분
저민 생강 1톨분

양념장
간장·설탕·청주 2큰술씩
생강즙 2큰술
참기름 1큰술
물 4큰술

만들기

1 **마늘 데치기** 통마늘은 껍질을 벗기고 말끔히 손질해 끓는 물에 살짝 데친다.

2 **패주 밑손질하기** 패주는 막을 벗기고 끓는 물에 마늘과 저민 생강을 함께 넣고 살짝 데친다.

3 **파프리카 썰기** 파프리카는 마늘 크기 정도로 네모지게 자른다.

4 **양념장 끓이기** 양념장 재료를 한데 섞어 농도가 걸쭉해질 정도로 끓인다.

5 **꼬치에 끼워 굽기** 꼬치에 마늘, 패주, 청·홍 파프리카를 색 맞춰 끼운 뒤 팬이나 그릴에 양념장을 발라가면서 굽는다.

1

2

3

5

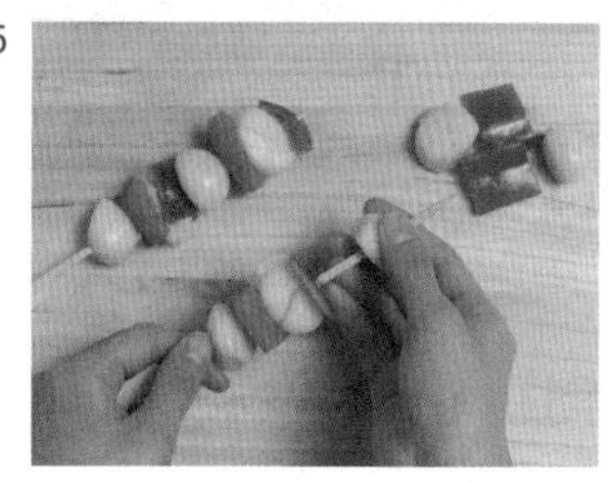

cooking tip

패주는 잠깐만 데치세요
패주를 오래 데치면 질겨지고 특유의 맛과 향이 사라져요. 체에 패주를 담은 채로 끓는 물에 잠깐 넣었다 빼서 그대로 식히면 됩니다. 이때 마늘과 저민 생강, 청주 등을 넣어 데치면 비린내가 말끔히 사라져요.

도가니 대파찜

소의 무릎 연골인 도가니는 찜이나 탕을 해서 별미 보양요리로 준비하면 좋아요.
대파를 넉넉히 넣고 부드럽게 찌면 잡냄새가 사라지고 야들야들 맛있어요.

재료(4인분)

도가니 600g
쇠고기 사태 400g
물 15컵
대파 2대
통마늘 6쪽
생강 1쪽
소금·후춧가루 조금씩

양념장
간장 3큰술
식초 1큰술
다진 파 2큰술
참기름 1/2작은술
후춧가루 조금

만들기

1 **도가니·사태 핏물 빼기** 도가니와 사태는 찬물에 1시간 정도 담가 핏물을 뺀다.

2 **도가니·사태 삶기** 끓는 물에 도가니와 사태를 넣고 한번 끓여 첫물은 버린다. 다시 물을 붓고 대파 1대와 마늘 3쪽, 생강 1쪽을 넣어 푹 끓인다. 나머지 대파는 어슷하게 썰고, 마늘은 저며둔다.

3 **익은 고기 썰기** 사태와 도가니가 무르게 익으면 꺼내어 먹기 좋은 크기로 썰고, 국물은 기름기를 걷어낸 뒤 체에 거른다.

4 **도가니·사태 찌기** 거른 국물을 냄비에 붓고 도가니와 사태를 안친 다음, 어슷 썬 대파와 저민 마늘을 넣고 끓인다. 도가니가 푹 무르면 소금·후춧가루로 간한다.

5 **양념장 만들어 곁들이기** 간장, 식초, 파, 참기름 등을 섞어서 양념장을 만들어 도가니 대파찜에 곁들인다.

1

2

3
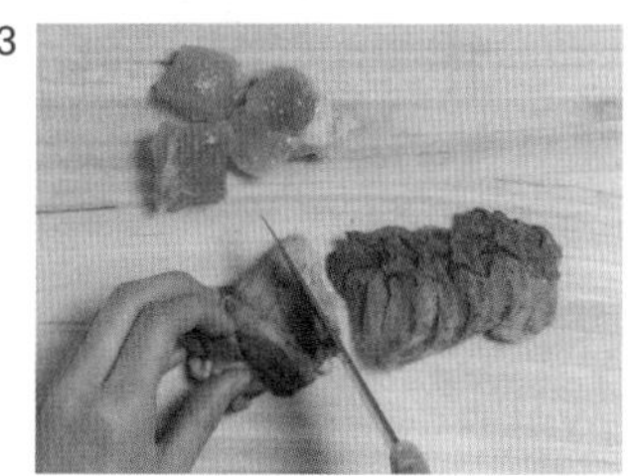

4

cooking tip

고기의 누린내를 없애려면
고기나 고기 잡부위를 삶을 때는 냄새를 제거하는 것이 가장 중요해요. 먼저 찬물에 충분히 담가 핏물을 없앤 다음, 끓는 물에 애벌 삶아 첫물을 따라 버리고 다시 물을 부어 끓입니다. 이때 마늘, 대파, 생강 등의 향신채소를 넉넉히 넣는 것 잊지 마세요.

참마 검은깨무침

몸에 좋은 참마에 검은깨가루를 묻혀 샐러드처럼 준비했어요. 참마는 기력 증진 효과가 있고
참깨에는 레시틴이 풍부해 정신노동을 많이 하는 사람에게 아주 좋아요.

Yam and Black Sesame Salad

재료(4인분)

참마 1개
브로콜리 1/2송이
검은깨가루 4큰술
소금 조금

양념장
참기름 1큰술
레몬즙·청주 1작은술씩
다진 마늘 1/2작은술
꿀·소금 조금씩

만들기

1 **참마 껍질 벗기기** 참마는 필러로 껍질을 벗기고 깨끗이 헹군다.

2 **참마 썰기** 손질한 참마는 0.5cm 두께로 납작납작 썬다. 작은 것은 그대로, 큰 것은 반 또는 4등분한다.

3 **브로콜리 데치기** 브로콜리는 송이를 떼어 끓는 물에 소금을 넣어 살짝 데치고 찬물에 헹궈 물기를 턴다.

4 **양념장 만들기** 참기름에 레몬즙과 청주, 다진 마늘, 꿀을 넣고 소금으로 간을 맞춰 양념장을 만든다.

5 **양념장에 버무리기** 참마와 브로콜리에 양념장을 넣어 버무린다.

6 **양검은깨 가루로 무치기** 양념장이 잘 배어들면 검은깨가루를 넣고 고루 버무려 접시에 담는다.

1
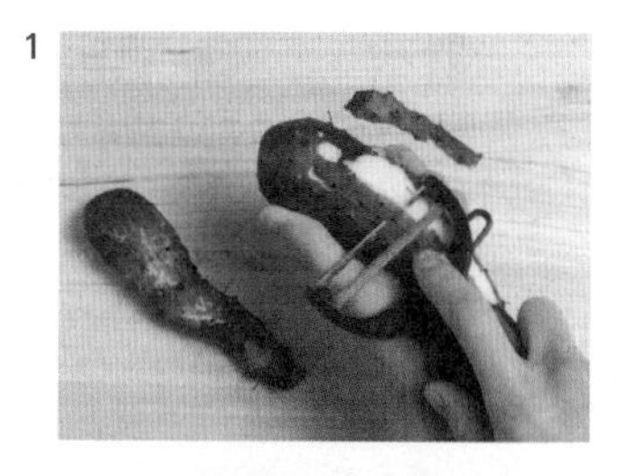

2
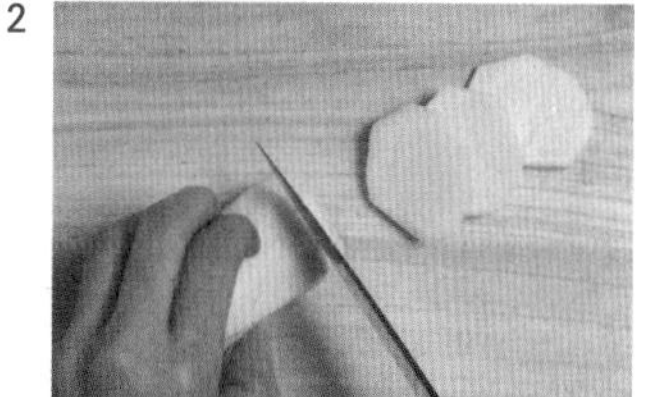

3
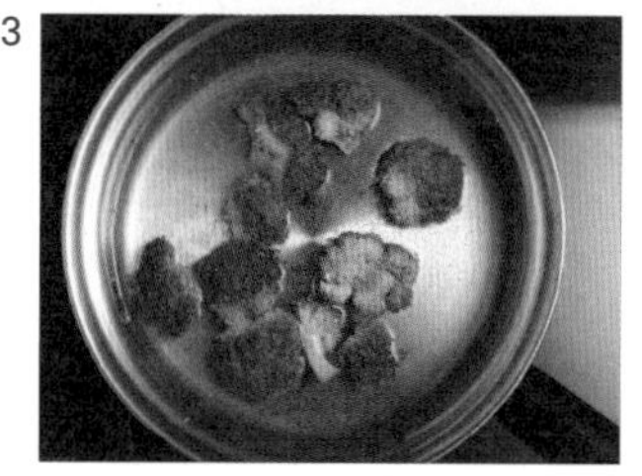

5

plus recipe

건강한 아침식사, 참마죽 (2인분)
참마 200g, 불린 현미 1컵, 물 10컵, 소금 조금
① 현미는 씻어서 물에 충분히 불린다. ② 참마는 껍질을 벗기고 적당한 크기로 썰어 현미와 함께 믹서에 넣고 물 2컵을 부어 곱게 간다. ③ 냄비에 현미와 참마 간 것을 넣고 물 8컵을 부어 끓인다. ④ 불을 줄여 좀 더 끓이고 부드럽게 퍼지면 소금으로 간을 맞춘다.

황태더덕구이

포슬포슬한 황태와 쌉쌀한 더덕에 양념장을 발라 구워 두 가지 맛을 느낄 수 있어요.
북어는 간을 보호하고 더덕은 제2의 인삼이라고 불릴 정도로 몸에 좋은 식재료입니다.

재료(4인분)

황태 2마리
더덕 100g
송송 썬 실파 1큰술
통깨 조금

기름장

간장 1큰술
참기름 2큰술

양념장

고추장 3큰술
참기름·마늘즙 1큰술씩
양파즙·물엿 2큰술씩
생강즙 1/4작은술
후춧가루 조금

만들기

1 **황태 손질하기** 황태는 물에 잠깐 불린 뒤 가시와 머리, 꼬리, 지느러미를 정리하고 껍질 쪽에 칼집을 넣는다.

2 **더덕 손질하기** 더덕은 껍질을 벗기고 방망이로 살살 두드려서 부드럽게 만든다.

3 **기름장 발라 애벌 굽기** 간장과 참기름을 섞어 기름장을 만든 뒤 황태와 더덕에 각각 바르고 석쇠나 프라이팬에 애벌구이한다.

4 **양념장 만들기** 재료를 모두 섞어 양념장을 만든다.

5 **황태·더덕 양념하기** 애벌구이한 황태와 더덕에 양념장의 반 덜어 바르고 20분 정도 재워둔다.

6 **팬에 굽기** 달군 팬에 기름을 두르고 황태와 더덕을 굽는다. 나머지 양념장을 발라가며 앞뒤로 구운 뒤 먹기 좋게 잘라 접시에 담고 실파와 통깨를 뿌린다.

2

3

5

6

cooking tip

향신채는 나중에 넣어야 양념장이 깔끔해요

양념구이를 할 때는 익기도 전에 겉이 타버리기 쉬우니 주의해야 해요. 먼저 기름장을 발라 구운 다음 다시 양념장을 발라가며 구워야 겉에 바른 양념이 타지 않는답니다. 파나 마늘 같은 향신채는 나중에 고명으로 뿌리는 것이 깔끔해요.

인삼단호박솥밥

허약한 기력을 보충해주는 인삼과 몸에 좋은 재료들을 안쳐 끓인 영양솥밥은 보양식으로 손색이 없어요. 부추를 썰어 넣은 양념장에 비벼 먹으면 맛도 영양도 좋아요.

재료(4인분)

멥쌀 2컵
찹쌀 1/2컵
인삼(수삼) 2뿌리
단호박 1/4개
대추 2개
은행 12알
잣 1/2큰술
물 3컵

부추 양념장

부추 1줌
붉은 고추 1개
간장 6큰술
고춧가루 1작은술
다진 마늘 2작은술
깨소금 2큰술
참기름 1큰술
후춧가루 조금

만들기

1 **멥쌀·찹쌀 불리기** 멥쌀과 찹쌀은 깨끗이 씻어 물에 불린 뒤 체에 건진다.

2 **인삼·단호박·대추 손질하기** 인삼은 어슷하게 썰고, 단호박은 0.5cm로 작게 썬다. 대추는 돌려 깎은 뒤 씨를 빼고 2~3등분한다.

3 **양념장 만들기** 부추는 1cm 정도로 썰고 붉은 고추는 잘게 썬 뒤 나머지 재료와 섞어 양념장을 만든다.

4 **단호박·인삼 넣어 밥 안치기** 솥에 참기름을 두르고 쌀과 찹쌀을 넣어 볶다가 물을 붓고 단호박, 인삼을 넣어 끓인다.

5 **은행·잣·대추 넣고 뜸들이기** 밥이 끓어 쌀이 퍼지면 은행, 잣, 대추를 넣고 뜸을 들인다. 밥이 다 되면 양념장과 함께 내 비벼 먹는다.

2

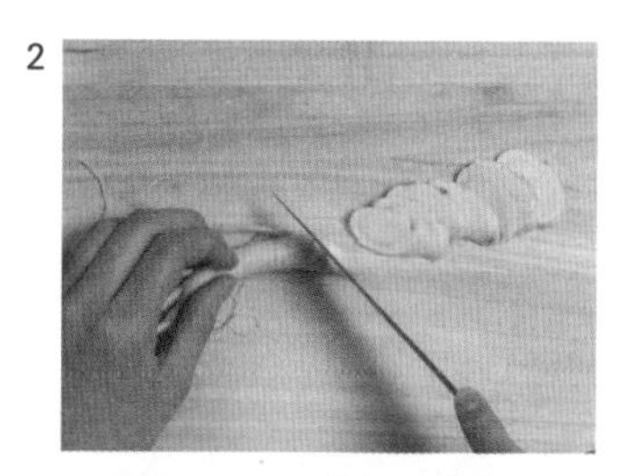

3

4

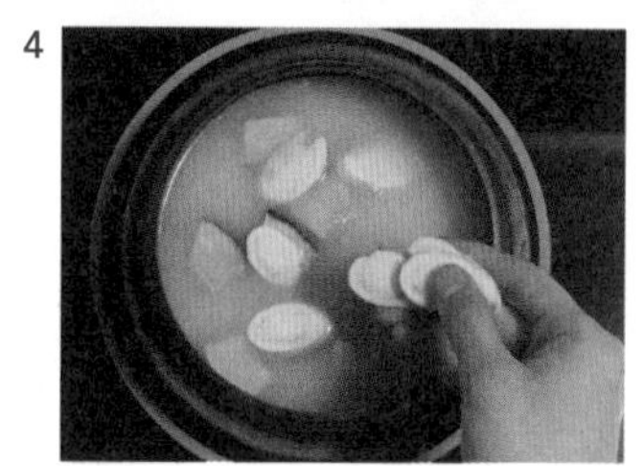

5

plus recipe

단호박죽 (4인분)

단호박 1개, 물 10컵, 찹쌀, 가루 1/2컵, 소금 조금

① 단호박은 반 갈라 씨를 긁어내고 찜통에 찐다. ② 찐 호박은 껍질을 도려낸 뒤 속살만 냄비에 넣고 물을 부어 끓인다. ③ 나무주걱으로 으깨면서 끓이다가 찹쌀가루를 넣고 섞는다. ④ 다 되면 불을 끄고 소금으로 간한다.

버섯들깨탕

우엉의 아작아작 씹히는 맛과 쫄깃하고 감칠맛 나는 버섯, 들깨즙의 고소한 향이 일품인 건강식이에요. 불포화지방산이 풍부한 들깨는 버섯요리에 잘 어울려요.

Perilla Soup with Mushrooms

재료(4인분)

생 표고버섯 5개
느타리버섯 300g
팽이버섯 1봉지
우엉 500g
깻잎 2장

들깨가루 5큰술
들기름 2큰술
소금 1큰술

다시마국물
다시마 (10×10cm) 2장
물 7컵

만들기

1 **우엉 썰기** 우엉은 껍질을 벗긴 뒤 얇고 어슷하게 썰어 물에 담가둔다.

2 **버섯 손질하기** 표고버섯은 2~3등분하고, 느타리버섯은 끓는 물에 데쳐 적당한 굵기로 찢는다. 팽이버섯은 가닥을 나눈다.

3 **다시마국물 끓이기** 다시마는 젖은 행주로 닦은 뒤 물을 붓고 끓여 국물을 낸다. 국물이 우러나면 거르고 다시마는 가늘게 채 썬다.

4 **국물에 들깨가루 섞기** 다시마국물 1컵에 들깨가루를 푼다. 통들깨를 사용할 경우 다시마국물 2컵과 함께 믹서에 갈아 체에 거른다.

5 **우엉 볶다가 물 붓고 끓이기** 냄비에 들기름을 두르고 우엉을 볶다가 다시마국물을 넣어 한소끔 끓인다.

6 **버섯 넣고 간 맞추기** ⑤에 표고, 느타리, 들깨가루 푼 물을 넣고 10분쯤 끓이다가 채 썬 다시마와 팽이버섯을 넣는다. 소금간을 하고 깻잎을 채 썰어 올린다.

1

2

4

6

cooking tip

농도는 녹말물로 맞추세요
들깨가루를 그냥 물에 풀어 끓이면 국물이 겉돌아서 맛이 없어 보여요. 이럴 때는 국물에 녹말물을 개어 넣어보세요. 녹말과 물을 1:1로 섞어 녹말물을 만든 다음, 마지막에 흘려 넣으면 국물이 걸쭉해서 한결 맛있답니다.

클로렐라 리소토

녹색의 클로렐라를 첨가해 영양이 풍부하고 맛깔스러워요. 비타민, 미네랄 외에
엽록소가 풍부한 클로렐라는 우리 몸을 알칼리성 체질로 개선시켜주는 건강식품입니다.

Chlorella Risotto

재료(4인분)

불린 쌀 4컵

새우(중하) 12마리
양파 1/2개
버터 2큰술
물 3컵

클로렐라 파우더 3큰술
화이트와인 5큰술
다진 마늘 1큰술
소금·후춧가루 조금씩

만들기

1 **쌀 불리기** 쌀을 깨끗이 씻어서 물에 30분 정도 담가 불린다.

2 **새우 손질하기** 새우는 껍질을 벗기고 머리와 꼬리를 잘라낸 뒤 물에 헹군다.

3 **새우·양파 썰기** 손질한 새우는 잘게 썰고, 양파는 잘게 다진다.

4 **버터로 쌀 볶기** 냄비에 버터를 두르고 다진 마늘을 볶아 향을 낸 뒤 불린 쌀을 넣고 볶는다. 버터와 물을 조금씩 첨가하면서 쌀을 익힌다.

5 **새우·양파 넣어 볶기** 쌀이 완전히 익기 전에 손질한 새우와 양파를 넣고 함께 볶다가 화이트와인을 넣어 잡냄새를 없앤다.

6 **클로렐라 넣기** 양파가 익으면 클로렐라 파우더를 넣고 소금과 후춧가루로 간해 약한 불에서 좀 더 볶는다.

2
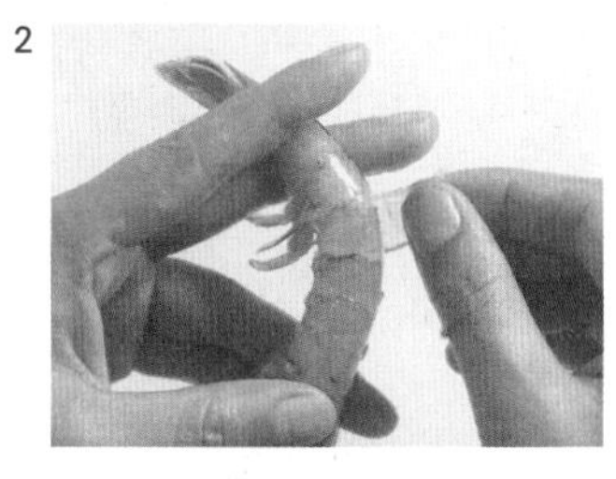

3

5

6

cooking tip

이탈리아 음식에 잘 어울리는 오이피클

클로렐라 리소토 같은 이탈리아 음식은 새콤한 오이피클과 함께 내면 좋아요. 오이피클은 소금에 살짝 절인 뒤 단촛물을 부어 만들어요. 단촛물은 식초·설탕·물 3컵씩과 소금 1큰술, 월계수 잎 4장, 통후추 1큰술, 정향 4개를 한소끔 팔팔 끓여 식히면 됩니다.

콩나물 굴밥

고슬고슬 맛있게 콩나물밥을 지어 양념간장에 비벼 먹으면 맛도 영양도 최고랍니다.
굴 대신 다진 돼지고기를 양념해서 넣고 밥을 지어도 맛있어요.

재료(4인분)

쌀 4컵
콩나물 300g
굴 300g(2컵)

맛국물(4컵)
국멸치 8개
마른 새우 1/2컵
다시마(10×10cm) 2장
양파 1/2개
무(3cm 크기) 1토막
마늘 3쪽
물 7컵

양념장
간장 5큰술
국간장 2큰술
참기름 2큰술
맛술 1큰술
고춧가루·깨소금 1큰술씩
다진 마늘 1/2큰술
설탕 조금

만들기

1 **쌀 씻어 불리기** 쌀을 깨끗이 씻은 뒤 물에 30분 정도 불린다.

2 **맛국물 내기** 냄비에 맛국물 재료를 모두 넣고 물을 부어 중불에서 30분 정도 끓인다. 국물이 우러나면 체에 걸러 맛국물 4컵을 준비한다.

3 **콩나물·굴 준비하기** 콩나물은 물에 씻어 건지고, 굴은 잡티를 골라내고 체에 담은 채 소금물에 흔들어 씻어 물기를 뺀다.

4 **콩나물밥 짓기** 돌솥에 불린 쌀을 안치고 콩나물을 얹은 뒤 맛국물을 부어 밥을 짓는다.

5 **굴 넣고 뜸 들이기** 밥물이 자작해지면 굴을 넣고 10분 정도 뜸을 들인다. 밥이 다 되면 불에서 내리고 양념장을 만들어 비벼 먹는다.

2

3

4

5

cooking tip

밥물은 평소보다 적게 잡아요

콩나물밥을 할 때는 밥물을 평소보다 적게 잡도록 하세요. 콩나물에서 물이 나오기 때문에 잘못하면 질척해지기 쉬워요. 보통 불린 쌀로 밥을 할 때는 밥물을 쌀보다 10% 정도 더 잡는데, 콩나물밥을 할 때는 쌀과 같은 양으로 맞추면 됩니다.

버섯모둠솥밥

독특한 감칠맛과 향이 좋은 버섯은 칼로리가 적고 콜레스테롤 수치를 낮추는 건강식이에요.
양송이, 표고, 새송이, 느타리, 팽이 등 냉장고에 있는 버섯을 모두 활용해보세요.

재료(4인분)

쌀 2컵
양송이버섯 12개
생 표고버섯 8개
새송이버섯 4개
다시마국물 6컵
버터 2큰술
맛술 2큰술
소금 1/2작은술

양념간장

간장 8큰술
맛술 4큰술
참기름 2큰술
깨소금 1큰술
다진 마늘 1작은술
다진 실파 조금

만들기

1 **쌀 씻어 불리기** 쌀을 깨끗이 씻어 10분 정도 물에 담가 불린다.

2 **버섯 썰기** 양송이와 표고, 새송이는 잘게 썬다.

3 **돌솥에 안치기** 돌솥에 버터를 고루 바르고 불린 쌀을 안친 뒤 다시마국물, 맛술, 소금을 섞어서 솥에 붓고 밥을 짓는다.

4 **버섯 넣기** 밥물이 자작해지면 손질해둔 버섯을 넣고 10분 정도 뜸을 들인다.

5 **양념간장 곁들이기** 버섯과 밥을 고루 섞어 그릇에 담고 양념간장을 만들어 함께 낸다.

요리의 감칠맛을 더하는 다시마국물(4컵 분량)

다시마국물은 국물요리는 물론, 조림이나 소스, 덮밥 등에 다양하게 쓰여요. 다시마국물 만드는 방법은 간단해요. 다시마를 손질해 냄비에 넣고 물을 부어 끓이다가 불을 줄여 10분 정도 더 끓이면 됩니다. 국물이 충분히 우러나면 다시마를 건져내세요.

재첩국

간을 보호해주고 피로 해소 효과가 있는 재첩과 정력 채소로 알려진 부추를 넉넉히 넣고 끓인 국.
뽀얀 국물이 개운하면서도 시원해요. 피로에 시달리는 가족을 위한 영양 국으로 준비하면 좋아요.

Shellfish Soup

재료(4인분)

재첩 400g
부추 50g
붉은 고추 1개
팽이버섯 1봉지
물 6컵
소금 조금

만들기

1 **재첩 손질하기** 재첩은 굵은 소금으로 바락바락 주물러 씻은 뒤 옅은 소금물에 담가 해감을 토하게 한다.

2 **부추·고추 썰기** 부추는 깨끗이 다듬어 씻어 잘게 썬다. 붉은 고추도 깨끗이 씻어 어슷하게 썬 뒤 씨를 뺀다.

3 **팽이버섯 썰기** 팽이버섯은 밑동을 잘라내고 체에 밭친 채 물에 흔들어 씻어 부추와 같은 길이로 잘게 썬다.

4 **재첩국 끓이기** 냄비에 물 6컵과 재첩을 넣어 살짝 끓인다.

5 **고추·부추·팽이 넣기** 재첩의 입이 벌어지면 부추와 붉은 고추, 팽이버섯을 넣고 소금으로 간을 맞춘다.

1

2

3

5

cooking tip

간을 보호해주는 재첩
재첩은 필수 아미노산인 메티오닌이 풍부해 간의 해독작용을 돕고, 비타민 B_{12}가 풍부해 간기능을 높여주는 것으로 유명해요. 그밖에도 조개류에 풍부한 타우린 성분이 콜레스테롤을 낮춰주는 효과가 있어 중년 건강에 아주 좋아요.

굴 두붓국

굴 특유의 부드러운 맛과 향이 입맛을 당기고 속을 편안하게 해주는 영양 국이에요.
마른 고추를 넣어 국물을 우려내면 칼칼하고 얼큰한 맛이 더해져 입에 잘 맞아요.

재료(4인분)

굴 200g
두부 1/2모

부재료
미나리 50g
실파 3뿌리
붉은 고추 1/2개
마늘 2쪽
마른 고추 1개

국물
새우젓 1/2큰술
물 5컵
소금·후춧가루 조금씩

만들기

1 **굴 씻기** 굴은 잡티를 골라내고 체에 담은 채 소금물에 흔들어 씻어 물기를 뺀다.

2 **두부 썰기** 두부는 2cm 폭에 3~4cm 길이로 납작하게 썬다.

3 **향신채 썰기** 돌미나리와 실파는 3cm 정도 길이로 썰고, 마늘은 채 썬다. 붉은 고추와 마른 고추는 어슷하게 썰어 씨를 턴다.

4 **국물 끓이기** 냄비에 물을 부어 끓이다가 새우젓과 마른 고추를 넣어 매콤하게 끓인다.

5 **두부·굴 넣기** 끓는 국물에 두부와 마늘을 넣고 한소끔 끓인 뒤 굴을 넣고 소금, 후춧가루로 간한다. 다 되면 그릇에 담아 붉은 고추와 미나리, 실파를 얹는다.

1

3
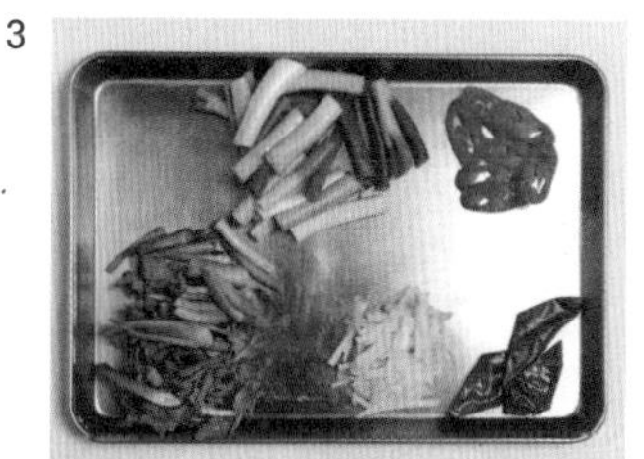

4

5

cooking tip

굴은 마지막에 살짝만 익혀야 해요
굴은 마지막에 넣어 살짝만 끓이는 것이 좋아요. 너무 오래 익히면 굴이 단단해지고 국물이 탁해지기 때문이에요. 굴을 씻을 때도 너무 많이 헹구면 특유의 맛과 향이 없어지기 때문에 먼저 잡티를 가려내고 연한 소금물에 살짝 헹궈서 물기를 뺍니다.

검은콩 냉국수

무더운 여름철 건강과 입맛을 동시에 살릴 수 있는 별식. 필수 아미노산이 풍부한 검은콩으로 콩국물을 만들어 국수를 말아 먹으면 영양도 챙기고 잃었던 입맛을 되살릴 수 있어요.

Noodles in Cold Black Soybean Soup

재료(4인분)

소면 300g
오이 1/2개
방울토마토 4개

콩국물
검은콩 4컵
물 15컵
잣 1/2컵
소금 조금

만들기

1 **검은콩 불려 삶기** 검은콩은 하룻밤 물에 불린 뒤 물을 넉넉히 붓고 푹 삶는다. 콩이 삶아지면 체에 건지고 콩물은 따로 받아둔다.

2 **믹서에 콩 갈아 체에 내리기** 삶은 콩과 콩 삶은 물, 잣, 소금을 믹서에 넣고 곱게 간 뒤 체에 내려서 거친 입자를 걸러낸다.

3 **오이·방울토마토 썰기** 오이는 가늘게 채 썰고 방울토마토는 꼭지를 떼서 반으로 자른다.

4 **소면 삶아 국물 붓기** 끓는 물에 소면을 삶아 찬물에 헹궈 건진 뒤 그릇에 담는다. 국수에 콩국물을 붓고 채 썬 오이와 방울토마토를 얹는다.

초간단 콩국물 만들기
콩을 불리고, 삶고, 체에 내리고… 콩국물 만드는 과정이 번거롭다면 두부를 이용해 간편하게 콩국물을 만들어보세요. 두부 1/2모와 검은콩 우유 5컵, 통깨 1큰술, 소금 조금을 넣고 갈면 실제 콩국물과 맛이 거의 같아요.

늘 수고하는 남편과 사랑하는 아이들에게 정성껏 만든 건강식으로 사랑을 전해보세요. 몸에 좋은 재료들로 입맛과 건강을 동시에 잡을 수 있답니다. 원기 회복을 돕고 면역력을 길러주는 음식들을 모아봤어요.

part 3

아이들이
좋아하는
엄마표 간식

햄버그스테이크

다진 쇠고기와 돼지고기를 반죽해 만들어 영양 많고 먹기도 좋아요.
뜨거운 햄버그스테이크 위에 체다 치즈가 사르르 녹아 더욱 맛있어요.

재료(4인분)

패티 반죽
다진 돼지고기 200g
다진 쇠고기 200g
양파 1개
당근 1/2개
다진 마늘 1큰술
소금·후춧가루 조금씩
슬라이스 체다 치즈 4장
채 썬 양파 1/2개분
채 썬 당근 1/4개분
다진 마늘 2작은술
버터 2큰술

소스
스테이크 소스 1/2컵
토마토케첩 4큰술
다진 토마토 1개분
다진 양파4큰술
다진 마늘 2작은술
식용유 조금

만들기

1 **패티 반죽하기** 다진 돼지고기와 쇠고기, 다진 양파와 당근, 소금·후춧가루를 섞어 반죽을 한 뒤 넷으로 나누어 둥글납작하게 모양을 빚는다.

2 **패티 익히기** 달군 팬에 기름을 두르고 ①의 패티 반죽을 올려 앞뒤로 지진다. 오븐이나 전자레인지에 넣고 익혀도 된다.

3 **소스 끓이기** 식용유를 두른 팬에 다진 마늘과 양파를 볶아 향을 낸 뒤, 나머지 재료를 모두 넣고 끓여 소스를 만든다.

4 **양파·당근 볶기** 채 썬 양파와 당근을 버터 두른 팬에 살짝 볶는다.

5 **패티 위에 재료 올리기** 구운 햄버그 패티 위에 볶은 양파와 당근을 올린다.

6 **치즈 올려 녹이기** 그 위에 슬라이스 체다 치즈를 올리고 소스를 끼얹은 다음 전자레인지에 돌려 치스를 녹인다.

plus recipe

패티로 햄버거 만들기 (2인분)

햄버거 빵 2개, 햄버그스테이크 패티 2장, 토마토·양파 1/2개씩, 양상추 4장, 슬라이스 오이피클 50g(오이 1/2개분), 허니 머스터드 소스·토마토케첩 적당량

① 햄버거 빵은 팬에 굽고 패티는 전자레인지에 3~4분 돌린다. ② 토마토, 양파는 링 썰기 하고, 양상추는 씻고, 오이피클은 다진다. ③ 빵에 허니머스터드 소스를 바르고 양상추, 토마토, 오이피클, 양파, 패티, 양상추를 올린 뒤 토마토케첩을 뿌린다.

치즈 떡볶이

어른, 아이 할 것 없이 모두 좋아하는 떡볶이는 흰떡만 있으면 손쉽게 만들 수 있어요.
고소하고 쫄깃한 모차렐라 치즈를 넣으면 아이들이 특히 좋아해요.

재료(4인분)

떡볶이 떡 350g
물 4컵
어묵 4장
비엔나소시지 16개
양파 1개
청·홍 파프리카 1개씩
식용유 조금
모차렐라 치즈 1컵

양념장
고추장 6큰술
고춧가루 2큰술
설탕·물엿 2큰술씩
곱게 간 양파 2큰술
후춧가루 조금

만들기

1 **어묵·양파·파프리카 썰기** 어묵은 세로 2×4cm 크기로 자르고 양파와 파프리카는 적당히 채 썬다.

2 **어묵·떡 데치기** 끓는 물에 떡과 어묵을 살짝 데친다. 이렇게 해서 떡은 부드럽게 하고, 어묵은 겉기름을 뺀다.

3 **소시지 칼집 넣기** 비엔나소시지는 칼집을 2~3번 넣어 끓는 물에 잠깐 데친다.

4 **양념장 만들기** 재료를 모두 섞어 양념장을 만든다. 입맛에 따라 고추장과 고춧가루의 양을 적당히 조절한다.

5 **재료 볶아 치즈 얹기** 기름 두른 팬에 떡과 어묵, 소시지, 양파, 파프리카를 넣고 볶다가 양념장과 물을 넣어 조린다. 마지막에 모차렐라 치즈를 얹어 살짝 녹인다.

cooking tip

떡볶이 떡은 뜨거운 물에 데쳐야 부드러워요
떡볶이 떡은 뜨거운 물에 살짝 데쳐서 사용하세요. 특히 보관한 지 오래된 굳은 떡으로 떡볶이를 만들 때는 반드시 뜨거운 물에 데쳐야 부드러워요. 어묵이나 소시지 역시 뜨거운 물에 데쳐 겉기름을 뺀 다음 조리하세요.

김치밥 피자전

밥에 김치와 스팸, 파프리카를 잘게 썰어 넣고 모차렐라 치즈를 섞어 동그랗게 전을 부쳐보세요.
같은 음식이라도 어떻게 만드느냐에 따라 아이들의 반응이 달라진답니다.

Kimchi Rice Pizza

재료(4인분)

밥 2공기
배추김치 200g
양파 1/2개
청·홍 파프리카 1/2개씩
스팸 120g

전 반죽
달걀 4개
밀가루 8큰술
모차렐라 치즈 200g

만들기

1 **김치 송송 썰기** 김치는 속을 털어내고 물에 살짝 헹군 뒤 물기를 꼭 짜서 잘게 다진다.

2 **양파·파프리카·스팸 썰기** 양파와 파프리카는 0.5cm 크기로 잘게 썰고, 스팸도 같은 크기로 썬다.

3 **전 반죽 만들기** 밥에 다진 김치, 양파, 파프리카, 스팸을 넣고 달걀과 밀가루를 섞어 전 반죽을 만든다.

4 **모차렐라 치즈 섞기** 재료가 잘 엉기도록 섞은 다음, 마지막에 모차렐라 치즈를 넣어 골고루 섞어준다.

5 **팬에 지지기** 달군 팬에 식용유를 두르고 반죽을 숟가락으로 떠 올린다. 동글납작하게 모양을 잡아 앞뒤로 노릇노릇하게 지진다.

cooking tip

전을 맛있게 부치려면

뜨겁게 달군 팬에 기름을 넉넉히 두르고 다시 달군 뒤 반죽을 떠 올려야 전이 잘 부쳐져요. 전을 부칠 때 너무 여러 번 뒤집으면 눅눅해지기 쉬워요. 한쪽 면이 노릇해질 정도로 충분히 익으면 한 번만 뒤집어 지지도록 하세요.

파인애플 볶음밥

파인애플을 깍두기처럼 잘라 넣고 새콤달콤하게 볶은 밥이에요. 집에 있는 채소에 파인애플만 더 보태면 색다른 태국식 볶음밥이 완성됩니다. 껍데기에 담아주면 아이들이 아주 좋아해요.

Pineapple Fried Rice

재료(4인분)

밥 4공기
돼지고기 120g
칵테일 새우 20마리
파인애플 1/2개
양파 1/2개
청·홍 파프리카 1/2개씩
식용유 적당량

볶음밥 양념
굴소스 3큰술
다진 실파 2큰술
참기름 1큰술
소금·후춧가루 조금씩

만들기

1 **돼지고기·채소 썰기** 돼지고기는 사방 1cm 크기로 썰어 소금·후춧가루로 밑간하고, 양파와 파프리카도 같은 크기로 썬다.

2 **파인애플 썰기** 파인애플은 세로로 반 갈라 과육을 파내서 1cm 크기의 깍두기 모양으로 썬다. 껍데기는 그릇으로 사용하기 위해 따로 둔다.

3 **돼지고기·채소 볶기** 식용유를 두른 팬에 돼지고기, 양파, 파프리카를 차례로 넣어 볶다가 소금과 후춧가루로 간한다.

4 **밥·새우·파인애플 넣어 볶기** 고기가 익으면 밥과 새우, 파인애플을 넣고 고루 섞으면서 볶는다.

5 **굴소스로 간하기** 모든 재료가 완전히 익으면 굴소스와 다진 실파를 넣고 더 볶은 뒤 참기름으로 맛을 낸다.

볶음밥은 고슬고슬한 밥으로 만들어야 맛있어요
볶음밥은 고슬고슬한 밥으로 만들어야 더 맛있어요. 압력솥에 지은 밥은 찰기가 있어 그냥 먹기는 좋지만, 볶음밥을 하는 데는 적당하지 않아요. 갓 지은 밥보다는 푸석푸석해진 찬밥이 볶음밥을 하는 데는 제격입니다.

오코노미야키

일본 전통 빈대떡. '좋아하는(오코노미) 구이(야키)'라는 뜻의 오코노미야키는
마요네즈와 돈가스 소스를 뿌리고 가다랑어포를 올려 달착지근하면서도 부드러운 맛이 나요.

Okonomiyaki

재료(4인분)

부침 반죽
오징어 1/2마리
베이컨 5장
양배추 100g
양파 1/2개
부추·실파·배추김치 50g씩
마 1개
부침가루 2½컵
카레가루 1큰술
달걀 2개
식용유 적당량

소스
마요네즈 5큰술
돈가스 소스 4큰술
가다랑어 국물 적당량

가다랑어포 조금

만들기

1 **재료 준비하기** 오징어는 내장과 껍질을 제거하고 사방 1cm 크기로 썬다. 베이컨, 양배추, 양파, 부추, 실파도 손질해서 같은 크기로 썬다.

2 **김치 썰기** 잘 익은 배추김치는 속을 털어내고 물기를 꼭 짠 뒤 1cm 크기로 송송 썬다.

3 **마 갈기** 마는 껍질을 벗기고 강판에 곱게 간다.

4 **반죽 섞기** 준비한 재료를 고루 섞어 부침 반죽을 만든다.

5 **팬에 부치기** 프라이팬에 기름을 두르고 반죽을 국자로 떠서 동그랗게 펴준 다음 앞뒤로 뒤집어 충분히 익힌다.

6 **소스 끼얹고 가다랑어포 뿌리기** 다 되면 접시에 담고 뜨거울 때 가다랑어포를 올린다. 그 위에 돈가스 소스와 마요네즈를 골고루 뿌린다.

감칠맛을 내는 데는 가다랑어포가 좋아요
가다랑어 찐 것을 말려서 아주 얇게 깎은 것이 '가쯔오부시'라고 불리는 가다랑어포입니다. 국물 맛을 낼 때나 고명 등으로 다양하게 사용되는데, 뜨거운 오코노미야키에 솔솔 뿌리면 사르르 녹으면서 감칠맛이 더해져요.

칠리 새우

바삭하게 튀긴 새우를 새콤 달콤 매콤한 칠리소스에 버무린 중국식 새우볶음이에요.
고추기름과 토마토케첩, 식초, 설탕을 섞어서 만든 소스가 입에 착 붙어요.

Chili Shrimp

재료(4인분)

새우튀김

새우(중하) 20마리
소금·후춧가루 조금씩
녹말가루 1/2컵
식용유 적당량

칠리소스

고추기름 4큰술
다진 양파 1큰술
다진 마늘·다진 파 1큰술씩
두반장 4큰술
토마토케첩 4큰술
식초 6큰술
설탕 6큰술
청주 4큰술
물 1½컵
녹말물 2큰술(물 : 녹말가루 = 1 : 1)

만들기

1 **새우 손질하기** 새우는 머리와 껍질을 벗기고 내장을 빼낸 뒤 물에 헹군다.

2 **반 갈라 밑간하기** 손질한 새우는 세로로 칼집을 넣어 살을 펼친 뒤 소금과 후추가루로 밑간을 한다.

3 **녹말가루 묻혀 튀기기** 밑간한 새우에 녹말가루를 묻혀 180℃ 기름에 튀겨낸 뒤 종이타월에 밭쳐 기름을 뺀다.

4 **소스 끓이기** 팬에 고추기름을 두르고 다진 양파·마늘·대파를 볶다가 녹말물을 제외한 소스 재료를 모두 넣고 끓인다.

5 **녹말물 넣고 버무리기** 소스가 끓어오르면 녹말물을 넣어 농도를 맞춘 뒤 튀긴 새우를 넣고 버무린다.

2

3

4

5

새우를 튀길 때는 수분을 제거하세요

새우에 물기가 남아 있으면 튀길 때 기름이 튀어 위험하고, 기름을 많이 흡수하게 되므로 튀김이 눅눅해지기도 해요. 표면의 물기는 종이타월로 닦고 꼬리 위쪽에 붙어 있는 뾰족한 물샘은 반드시 잘라내세요.

마카로니 그라탱

토마토소스와 생크림, 치즈가 잘 어우러져 부드럽고 아이들 입에 잘 맞는 영양간식이에요.
마카로니가 없다면 펜네나 푸실리 같은 숏 파스타로 대신해도 됩니다.

재료(4인분)

마카로니 180g
생크림 1/2컵
우유 1컵
모차렐라 치즈 1컵
파르메산 치즈 3큰술
바질잎 5장
다진 양파 1/2큰술
다진 마늘 1작은술
올리브오일 적당량
소금·후춧가루 조금씩

토마토소스 (2컵)
토마토 다진 것 1개분
토마토 페이스트 3큰술
다진 쇠고기 50g
양파 1/4개
당근 1/8개
다진 마늘 1/2큰술
올리브오일 적당량
소금·후춧가루 조금씩
닭 육수(또는 물) 2컵
파르메산 치즈 2큰술
바질잎 조금

만들기

1 **마카로니 삶기** 마카로니는 끓는 물에 소금을 조금 넣고 15분 정도 삶아서 건진 뒤 올리브오일을 살짝 발라둔다.

2 **토마토소스 만들기** 쇠고기·양파·당근·마늘을 볶다가 토마토와 토마토 페이스트를 넣고 육수를 부어 끓인다. 걸쭉해지면 파르메산 치즈를 넣어 섞는다.

3 **양파·마늘 볶기** 팬에 올리브오일을 두르고 다진 양파와 마늘을 볶아 향을 낸다.

4 **마카로니 조리기** ③에 마카로니를 넣고 생크림, 우유를 부어 잘 저어가면서 조린다.

5 **토마토소스 넣기** 생크림과 우유가 적당히 졸아 걸쭉해지면 ②의 토마토소스와 바질잎을 넣고 고루 섞는다.

6 **치즈 뿌려 오븐에 굽기** 그라탱 용기에 담고 모차렐라 치즈와 파르메산 치즈를 뿌린 뒤 200℃로 예열한 오븐에 5분간 굽는다.

1 4 5 6

cooking tip

그라탱은 치즈가 녹을 정도로만 구워요
그라탱을 오븐에 구울 때 온도를 너무 높게 하면 타버리기 쉽고, 너무 낮게 하면 치즈가 녹지 않아요. 보통은 200℃에서 5분 굽는 것이 적당하죠. 그라탱을 용기에 담을 때는 올리브오일을 살짝 바르면 치즈가 달라붙지 않아 편하답니다.

치즈 돈가스

바삭하게 튀긴 돈가스 위에 토마토케첩을 바르고 모차렐라 치즈를 올려서 녹인 색다른 돈가스예요.
아이들이 좋아하는 돈가스와 피자의 맛을 모두 느낄 수 있어 일석이조랍니다.

Pork Cutlet with Cheese

재료(4인분)

돼지고기 등심(돈가스용) 4장

고기 밑간
다진 마늘 1/2큰술
소금·후춧가루 조금씩

튀김옷
밀가루 2컵
달걀 3개
빵가루 3컵
식용유 적당량

양파 1개
청·홍 파프리카 1개씩
토마토케첩 4큰술
모차렐라 치즈 2컵

만들기

1 **고기 밑간하기** 돈가스용 고기는 칼등으로 두드려 부드럽게 한 뒤 다진 마늘과 소금·후춧가루로 밑간한다.

2 **양파·파프리카 썰어 볶기** 양파와 파프리카는 깨끗이 손질해서 채 썬 뒤 기름 두른 팬에 살짝 볶는다.

3 **튀김옷 입히기** 밑간한 고기에 밀가루를 묻히고 달걀 푼 물에 담갔다가 빵가루를 앞뒤로 묻힌다.

4 **기름에 튀기기** 튀김옷이 떨어지지 않도록 손으로 꼭꼭 눌러준 뒤 끓는 기름에 하나씩 넣어 바삭하게 튀긴다.

5 **치즈 얹어 굽기** 돈가스 위에 케첩을 바르고 양파, 파프리카를 올린 뒤 모차렐라 치즈를 뿌려 프라이팬에 약한 불로 굽거나 전자레인지에 3~4분 돌린다.

1

3

4

5

cooking tip

튀김옷을 잘 입히려면
튀김옷을 잘 고정시켜야 돈가스가 깔끔하게 돼요. 먼저 밑간해 놓은 고기에 밀가루를 묻힌 다음 곱게 푼 달걀물에 담갔다가 빵가루를 골고루 묻히세요. 이때 빵가루를 살살 눌러 고정시켜야 튀김옷이 흐트러지지 않고 깔끔해요.

오징어 탕수

탕수육을 만들 때 재료를 손질해서 튀김옷을 입히는 과정이 번거롭다면 냉동 튀김을 이용해보세요.
탕수 소스만 잘 배합하면 간편하면서도 맛있는 탕수육을 만들 수 있어요.

Sweet and Sour Squid

재료(4인분)

냉동 오징어 400g
통조림 파인애플 4조각
양파 1/2개
청·홍 파프리카 1/2개씩
소금·후춧가루 조금씩
식용유 적당량

소스
물 2컵
간장 2큰술
설탕 6큰술
레몬즙·식초 4큰술씩
토마토케첩 4큰술
녹말물 2큰술(물 : 녹말가루 = 1 : 1)

만들기

1 **오징어 튀기기** 냉동 오징어를 냉동된 상태 그대로 170~180℃의 기름에 바삭하게 두 번 튀긴다.

2 **파인애플·채소 썰기** 파인애플과 양파, 파프리카는 2~3cm 크기의 정사각형 모양으로 썬다.

3 **파인애플·채소 볶기** 달군 팬에 식용유를 살짝 두르고 파인애플과 양파, 파프리카를 볶다가 소금·후춧가루로 간한다.

4 **탕수 소스 만들기** 물 2컵에 간장, 설탕, 레몬즙, 식초를 분량대로 배합해서 끓이다가 녹말물을 풀어 걸쭉하게 만든다. 기호에 따라 토마토케첩을 섞는다.

5 **소스에 버무리기** 소스에 볶은 채소를 넣고 좀 더 끓여 소스를 완성한 뒤 튀긴 오징어를 넣고 고루 버무린다.

1
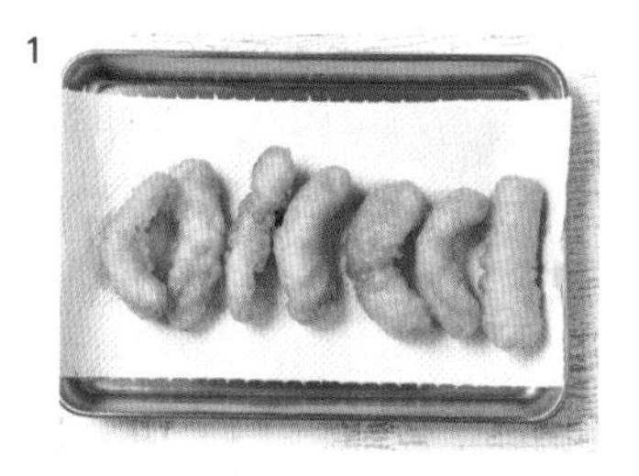

2

4

5

cooking tip

냉동식품은 냉동된 상태로 튀겨야 바삭해요
냉동식품은 냉동된 상태로 튀기는 것이 중요해요. 기름의 온도는 170~180℃ 정도가 적당하고, 한꺼번에 너무 많이 넣는 것은 금물이에요. 한꺼번에 많이 넣으면 튀김 온도가 떨어져 바삭하게 튀겨지지 않는답니다.

닭꼬치

갈은 음식이라도 꼬치에 꽂아서 주면 쏙쏙 빼먹는 재미가 있어서 아이들이 참 좋아해요.
평소에는 잘 먹지 않는 파프리카와 대파를 함께 꽂아 비타민을 보충해주세요.

재료(4인분)

닭가슴살 400g

닭 밑간
다진 마늘 1/2큰술
청주 1/2큰술
후춧가루 조금

청·홍 파프리카 1개씩
양파 1개
대파 2뿌리
소금·후춧가루 조금씩

소스
데리야키 소스 8큰술
물엿·청주 2큰술씩
토마토케첩 2작은술
다진 마늘 1작은술
후춧가루 약간

만들기

1 **닭가슴살 밑간하기** 닭가슴살을 3cm 길이로 도톰하게 썰어 다진 마늘과 청주, 후춧가루로 밑간해둔다.

2 **소스에 닭가슴살 재우기** 소스 재료를 섞어 밑간한 닭안심을 넣고 버무린 뒤 냉장고에 1시간 정도 간이 배게 둔다.

3 **채소 썰기** 양파와 파프리카는 사방 3cm 크기로 썰고, 대파는 흰 부분만 3cm 길이로 썰어 소금·후춧가루로 간한다.

4 **꼬치에 꿰기** 대꼬치를 준비해 재워둔 고기와 채소를 색깔 맞춰 가지런히 꽂은 다음 소스를 바른다.

5 **소스 발라 굽기** 오븐용 팬에 기름을 바르고 꼬치를 올려 그릴에 굽는다. 중간에 뒤집어서 소스를 한 번 더 바르고 굽는다.

1

3

4

5

cooking tip

매콤한 닭꼬치를 만들고 싶다면
매콤한 소스를 만들려면 고추기름·칠리소스 3큰술씩, 고추장 1큰술, 토마토케첩·설탕 2큰술씩, 다진 양파·다진 마늘 1큰술씩, 물 1큰술, 후춧가루를 배합해보세요. 닭가슴살에 칼집을 내 한입 크기로 자른 뒤 꼬치에 꿰고 소스를 발라 오븐이나 석쇠에 구우면 됩니다.

별미 주먹밥

후리가케를 넣어 꼭꼭 뭉친 주먹밥은 손쉽게 준비할 수 있는 간식이에요.
맛김을 부숴 넣거나 잔멸치, 김치볶음 같은 것을 밥 안에 넣고 뭉쳐서 만들어도 좋아요.

재료(4인분)

밥 3공기
후리가케 (또는 맛김 부순 것)
참기름 조금

만들기

1 **밥 짓기** 쌀을 깨끗이 씻어 물에 30분 정도 불린 뒤 고슬고슬하게 밥을 짓는다.

2 **밥 펴서 한 김 날리기** 갓 지은 밥을 넓은 그릇에 펴서 질척해지지 않도록 고루 섞어주면서 한 김 날아가게 한다.

3 **후리가케 섞기** 밥이 따뜻할 때 후리가케를 솔솔 뿌리면서 고루 섞는다.

4 **참기름 섞기** 후리가케를 섞은 밥에 참기름을 한두 방울 떨어뜨리고 살살 섞는다.

5 **주먹밥 만들기** 밥을 모양틀에 담아 누르거나 손으로 꾹꾹 뭉친다. 손에 참기름을 바르고 하면 밥이 잘 뭉쳐진다.

2

3

4

5

cooking tip

좋아하는 재료를 응용해서 뭉쳐보세요

후리가케가 없다면 아이들이 좋아하는 다른 재료로 주먹밥을 만들어도 좋아요. 갓 지은 밥을 소금, 깨소금, 참기름으로 고소하게 양념해서 속에 멸치볶음을 넣고 꾹꾹 뭉치면 영양 많고 맛 좋은 별미 주먹밥이 됩니다.

감자 치즈 그라탱

얇게 저민 감자 위에 치즈를 듬뿍 얹어 오븐에서 구운 감자 치즈 그라탱. 부드럽게 입안에서 살살 녹는 맛이 아주 좋아요. 아이들 점심이나 주말 브런치로 준비해보세요.

재료(4인분)

감자 4개
양파 1개

생크림 1컵
파르메산 치즈 5큰술
모차렐라 치즈 1/2컵
버터 4큰술
소금·후춧가루 조금씩

만들기

1 **감자·양파 썰기** 감자는 껍질을 벗겨 둥글고 얇게 저미고, 양파는 가늘게 채 썬다.

2 **감자·양파 데치기** 감자와 양파를 끓는 물에 살짝 데친 뒤 체에 밭쳐 물기를 빼 둔다.

3 **생크림 끓이기** 냄비에 생크림을 넣고 약한 불에서 은근히 조린다. 지나치게 오래 가열하면 층이 분리되므로 주의한다.

4 **용기에 버터 바르기** 미리 실온에 두어 녹은 버터를 주방용 붓이나 위생장갑을 낀 손에 묻혀 오븐용 그라탱 용기에 골고루 바른다.

5 **재료 담아 굽기** 그라탱 용기에 생크림, 감자, 양파, 모차렐라 치즈 순으로 담고 사이사이에 소금과 후춧가루를 뿌린다. 그 위에 파르메산 치즈를 뿌리고 200℃로 예열한 오븐에 10분간 굽는다.

2 3 4 5

cooking tip

기름을 발라주면 달라붙지 않아요

재료가 그릇에 달라붙는 것을 방지하기 위해서 용기에 버터 바르는 것을 패닝(panning)이라고 해요. 특히 그라탱처럼 치즈를 뿌려서 오븐에 굽는 요리는 그릇 가장자리에 치즈가 타서 달라붙기 쉽기 때문이에요. 버터 대신 기름을 발라도 됩니다.

로스트 포테이토

냉장고에 늘 있는 감자로 아이들 영양간식을 뚝딱 만들어보세요. 감자를 삶아 으깬 뒤 베이컨과 양파를 섞고 치즈를 얹어 녹이면 끝! 부드럽고 고소해서 아이들이 무척 좋아해요.

Roast Potato

재료(4인분)

감자 4개
베이컨 4장
옥수수 통조림 3큰술
양파 1개
버터 1큰술
소금·후춧가루 조금씩

슬라이스 체다 치즈 2장
모차렐라 치즈 1½컵

만들기

1 **감자 삶아 으깨기** 감자는 껍질을 벗기고 끓는 물에 삶거나 전자레인지에 10분 정도 돌려서 익힌 뒤 뜨거울 때 곱게 으깬다.

2 **베이컨 굽기** 베이컨은 팬에 기름을 두르지 않은 채 구워서 종이타월로 눌러 기름기를 뺀 뒤 잘게 다진다.

3 **옥수수·양파 준비하기** 옥수수 통조림은 물기를 빼고, 양파는 다져서 팬에 살짝 볶아 소금·후춧가루로 간한다.

4 **재료 섞기** 으깬 감자, 다진 베이컨, 볶은 양파, 옥수수를 골고루 섞은 뒤 전자레인지에 넣고 5분 정도 익힌다.

5 **치즈 올려 녹이기** ④를 전자레인지에서 꺼내 모차렐라 치즈와 체다 치즈를 올린 뒤 다시 전자레인지에 넣고 치즈가 녹을 정도로만 익힌다.

cooking tip

전자레인지는 간편한 만능 찜기
감자를 삶을 때 전자레인지를 이용하면 편리해요. 감자를 껍질째 깨끗이 씻은 뒤 전자레인지에 10분 정도 돌리면 포슬포슬 적당하게 익는답니다. 이때 감자에 물기가 너무 없으면 쪼글쪼글하게 되니 스프레이로 물을 충분히 뿌려주도록 하세요.

고구마 맛탕

탄수화물과 비타민, 칼륨이 풍부한 고구마를 적당히 썰어 튀긴 다음 시럽에 버무린 고구마 맛탕.
달콤하고 입안에 착 감겨 옛날부터 끊임없이 사랑받아 온 영양간식입니다.

재료(4인분)

고구마 4개
식용유 7컵
황설탕 3큰술
검은깨 적당량

만들기

1 **고구마 씻어 썰기** 고구마는 솔로 깨끗이 씻어 껍질째 큼직하게 썬 뒤 물에 헹구고 물기를 닦는다.

2 **고구마 튀겨 기름 빼기** 160℃의 기름에 고구마를 튀긴다. 갈색이 나게 튀겨지면 건져서 기름을 뺀 뒤 눅눅해지지 않도록 펼쳐놓는다.

3 **시럽 만들기** 다른 팬에 식용유를 살짝 바른 뒤, 황설탕을 넣고 서서히 녹여 시럽을 만든다.

4 **시럽에 버무리기** 시럽에 갈색이 돌고 실처럼 끈끈한 것이 생기면 튀긴 고구마를 넣고 고루 섞는다.

5 **검은깨 뿌리기** 시럽이 고루 묻으면 불을 끄고 검은깨를 솔솔 뿌린다.

cooking tip

시럽은 휘저으면 안 돼요

프라이팬에 식용유를 전체적으로 고르게 발라주고 설탕을 넣은 뒤 서서히 녹이면 설탕 시럽이 완성돼요. 잘 섞이게 한다고 젓가락으로 휘저으면 실이 생기면서 딱딱하게 굳어지니 약한 불에서 그대로 녹이도록 하세요.

비빔 만두

튀기거나 쪄 먹기만 하던 만두를 채소와 함께 고추장 소스에 버무려
그럴듯한 퓨전 일품요리로 변신시켰어요. 영양도 보충되고 색다른 맛에 반한답니다.

재료(4인분)

만두
만두피 20장
다진 돼지고기 200g
두부 1/2모
양파 1/2개
당근 1/2개
다진 파 1큰술
다진 마늘 1큰술
소금·후춧가루 조금씩

채소
당근 1/2개
양파 1/3개
양배추·적양배추 2장씩
깻잎 10장
무순 1/4팩
식용유 조금

고추장 소스
고추장 4큰술
식초 3큰술씩
물엿·맛술 2큰술씩
설탕 1큰술
참기름 1큰술
다진 마늘 2작은술
통깨·후춧가루 조금씩

만들기

1 **소 만들어 만두 빚기** 두부는 꼭 짜서 으깨고, 양파·당근은 다져서 돼지고기, 파·마늘, 소금·후춧가루와 섞어 만두소를 만든다. 만두피에 소를 한 수저씩 놓고 오므려 만두를 빚는다.

2 **만두 튀기기** 달군 팬에 식용유를 넉넉히 두르고 만두를 넣어 앞뒤로 뒤집어가며 노릇하게 튀긴다.

3 **채소 준비하기** 깻잎과 양파, 무순, 당근, 양배추, 적양배추는 깨끗이 씻어 물기를 턴 뒤 곱게 채 썬다.

4 **고추장 소스 만들기** 소스 재료를 모두 섞어 고추장 소스를 만든다.

5 **함께 버무리기** 튀긴 만두와 채소를 한데 담고 고추장 소스를 넣어 버무린다.

1

2

3

5

cooking tip

간편한 인스턴트 냉동만두
만두는 영양 많고 맛있기는 하지만 손이 많이 가는 것이 사실이죠. 이럴 때는 냉동만두가 아주 요긴해요. 냉동만두로 요리를 할 때는 다양한 채소와 양념으로 맛과 영양을 보충해주는 것이 좋아요.

두부고기 소박이

고기소를 끼워서 지져 맛과 영양이 한층 업그레이드된 두부요리입니다.
기름에 지지거나 양념간장에 조리는 대신 새로운 조리법으로 아이들의 입맛을 자극해보세요.

Beaf Stuffed Tofu

재료(4인분)

두부 2모
밀가루 1/2컵
식용유 적당량

고기소

다진 쇠고기 150g
당근 1/2개
양파 1/2개
달걀 2개
밀가루 2큰술
다진 마늘 1큰술
소금·후춧가루 조금씩

양념간장

간장 5큰술
청주 3큰술
식초 1½큰술
다진 실파 1½큰술
다진 마늘 1/2큰술
깨소금 2작은술

만들기

1 **당근·양파 다지기** 당근과 양파는 껍질을 벗기고 깨끗이 손질해 잘게 다진다.

2 **재료 섞기** 다진 쇠고기에 다진 양파와 당근, 다진 마늘을 넣고 고루 섞는다.

3 **고기소 반죽하기** ②의 재료에 달걀과 밀가루, 소금·후춧가루를 넣고 손으로 잘 치대서 고기소를 만든다.

4 **두부 썰어 밀가루 묻히기** 두부는 0.7cm 두께로 썬 뒤 소금을 뿌려 30분 정도 둔다. 물기가 배어나오면 종이타월로 닦아내고 앞뒤에 골고루 밀가루를 묻힌다.

5 **고기소 얹기** 두부 위에 ③의 고기소를 얹고 위를 다른 두부로 덮은 다음 기름 두른 팬에 앞뒤로 노릇하게 지져 양념간장과 함께 낸다.

남은 두부는 이렇게 보관하세요

사용하고 남은 두부는 물에 담가 보관하는 것이 좋아요. 팩에 들어있는 물을 버리지 말고 밀폐용기에 그대로 담고 남은 두부를 넣어 냉장고에 보관하면 좋아요. 중간에 물을 갈아주면 더 오래 보관할 수 있어요. 하지만 구입 후 2~3일은 넘기지 않는 것이 좋아요.

특징적인 메뉴 한두 가지만 있으면 그럴듯한 손님상을 차릴 수 있어요. 맛과 정성, 센스까지 보여줄 수 있는 일품요리로 가벼운 홈파티를 즐겨보세요. 맛있고 멋진 손님 초대요리와 술안주 만드는 법을 소개합니다.

part 4

특별한 날 손님 초대요리 & 술안주

와인 삼겹살 찜

고기 속 깊이 스며든 와인의 향이 입맛을 당기는 와인 삼겹살 찜. 한 번 삶아낸 고기에 소스를 넣고 조려 돼지고기 특유의 잡냄새가 없고 육질이 부드러워요.

재료(4인분)

돼지고기 삼겹살 800g
물 13컵
대파 1줄기
양파 1/2개
마늘 10쪽
생강 2톨
소금 조금

와인 소스
물 2컵
간장 1/2컵
레드와인 8큰술
청주·물엿 4큰술씩

만들기

1 **돼지고기 삶기** 돼지고기는 큼직하게 토막을 낸 뒤 대파, 양파, 마늘, 생강을 넣고 물을 넉넉히 부어 삶는다.

2 **고기 식혀서 썰기** 젓가락으로 찔러 핏물이 배어나오지 않을 정도로 익으면 건져서 식힌 뒤 0.5cm 두께로 썬다.

3 **와인 소스 만들기** 소스 재료를 모두 섞어 와인 소스를 만든다.

4 **파 채 썰기** 대파는 3cm 길이로 토막 낸 뒤 속의 심을 빼내고 가늘게 채 썰어 물에 담가 놓는다.

5 **와인 소스에 조리기** 삶은 돼지고기에 와인 소스를 넣고 간이 배도록 은근히 조린 다음 접시에 담고, 파 채를 건져서 위에 얹는다.

1

2
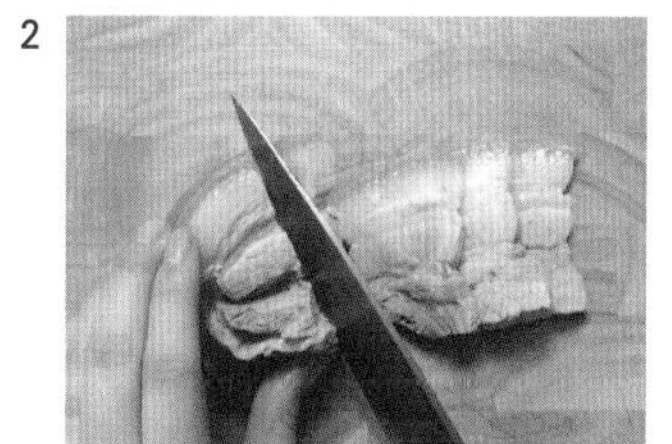

4

5

cooking tip

삼겹살을 와인에 재워도 좋아요
삼겹살을 삶아서 와인에 조리는 과정이 번거롭다면 와인에 재워두는 것도 방법이에요. 와인에 다진 마늘·생강·양파와 후춧가루를 섞은 뒤 삼겹살을 재우면 누린내도 나지 않고 고기가 부드러워져요. 여기에 허브 잎을 추가하면 더 깔끔하답니다.

바비큐 폭립

돼지고기 등갈비에 소스를 발라 구운 바비큐 폭립은 파티의 주요리로 잘 어울려요.
새콤달콤한 소스와 쫄깃한 등갈비살이 조화를 이뤄 누구에게나 환영받는답니다.

Pork ribs Barbecue

재료(4인분)

훈제 베이비 폭립 1kg
파슬리가루 조금

소스
토마토 1개분
스테이크 소스 6큰술
토마토케첩 4큰술
다진 양파 4큰술
다진 마늘 2작은술
식용유 적당량

만들기

1 **폭립 애벌 익히기** 폭립에 칼집을 넣어 전자레인지에서 3분간 익힌다. 냉동 베이비 폭립의 경우 6~8분 정도 데워 해동시킨다.

2 **마늘·양파 볶기** 팬에 식용유를 두르고 다진 마늘과 양파를 볶아 향을 낸다.

3 **소스 끓이기** ②에 스테이크 소스와 토마토케첩을 넣고 걸쭉하게 끓인다.

4 **토마토 넣고 끓이기** 토마토케첩의 신맛이 날아가면 토마토를 잘게 으깨어 넣고 은근한 불에서 20분 정도 끓인다.

5 **소스 발라 굽기** 폭립에 소스를 발라 180℃의 오븐에 5분간 구운 뒤 접시에 담고 파슬리가루를 곁들인다.

cooking tip

돼지갈비로 만드는 바비큐 립

훈제 폭립 대신 돼지등갈비를 직접 손질해서 만들어도 좋아요. 돼지갈비를 찬물에 30분쯤 담가 핏물을 빼고 칼집을 넣어 간이 잘 배게 한 뒤 소금과 후춧가루, 생강즙으로 밑간을 해요. 여기에 소스를 발라 구우면 바비큐 립이 완성됩니다.

코코넛 쉬림프

왕새우에 고소한 코코넛 튀김옷을 입혀 바삭하게 튀겼어요. 바나나와 아보카도로 맛을 낸 달콤한 소스를 곁들여 찍어 먹으면 한결 부드럽고 고급스러운 맛이 나요.

Coconut Shrimp

재료(4인분)

새우(대하) 8마리
코코넛 슬라이스 300g

튀김옷
밀가루 1/2컵
녹말가루 2큰술
맥주 1/2컵
달걀 1개

소스
바나나 1/2개
아보카도 1/4개
우유 1컵
물 1/2컵
칠리소스 2큰술
설탕 조금

만들기

1 **새우 손질하기** 새우는 꼬치로 등의 내장을 빼내고 껍질을 벗긴 뒤 배 쪽으로 칼집을 길게 넣는다.

2 **소스 만들기** 바나나와 아보카도를 으깬 뒤 우유와 물, 칠리소스, 설탕과 함께 냄비에 넣고 20분 정도 끓인다.

3 **튀김옷 만들기** 밀가루, 녹말가루, 맥주, 달걀을 섞어 튀김옷 반죽을 만든다.

4 **튀김옷 입히기** 손질한 새우에 튀김옷을 골고루 입히고 코코넛 슬라이스를 묻힌 다음 꾹꾹 눌러준다.

5 **새우 튀기기** 튀김옷 입힌 새우를 180℃의 기름에 튀겨 건진 뒤 종이타월에 밭쳐둔다. 기름이 빠지면 접시에 담고 ②의 소스를 곁들인다.

1
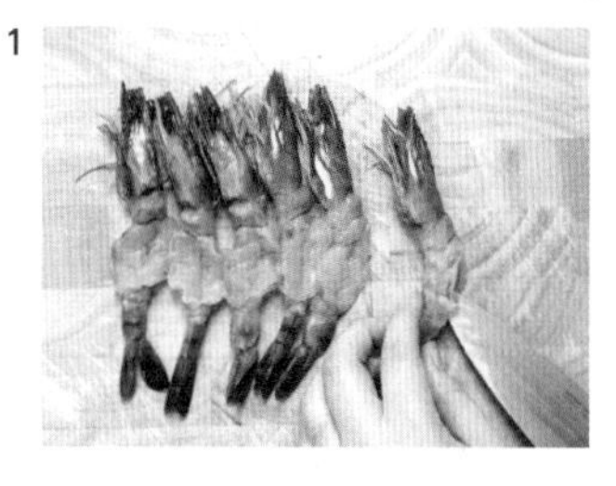

2

4

5

cooking tip

튀김옷에 맥주를 넣으면 더 바삭해요
튀김옷 반죽에 맥주를 넣으면 튀김을 더 바삭하게 튀길 수 있어요. 맥주 속의 기포가 튀김 반죽을 부풀게 하기 때문이에요. 맥주로 튀김옷 반죽을 하면 튀김이 눅눅해지는 것도 방지할 수 있어요.

찹 스테이크

쇠고기 안심을 한입 크기로 썰어 소스에 볶은 찹 스테이크는 먹기 편할 뿐 아니라
영양의 균형도 잘 맞아요. 술안주로 준비하면 환영받는답니다.

Chop Steak

재료(4인분)

쇠고기 안심 400g
소금·후춧가루 조금씩
다진 마늘 1큰술
올리브오일 적당량

양파 1개
청·홍 파프리카 1/2개씩
양송이버섯 7개

소스
스테이크 소스 6큰술
토마토케첩 3큰술
바비큐 소스 2큰술
레드와인 2큰술
머스터드 소스 1작은술
타바스코 1/2작은술

만들기

1 **쇠고기 썰어 밑간하기** 쇠고기는 칼등으로 두드려 연하게 한 뒤 사방 2.5cm 크기의 주사위 모양으로 썰어 소금·후춧가루로 밑간한다.

2 **쇠고기 양념하기** 밑간한 쇠고기에 다진 마늘, 올리브오일을 넣고 고루 버무려 재워둔다.

3 **채소 준비하기** 양파와 파프리카는 한입 크기로 썰고, 양송이는 세로로 4등분 한다.

4 **소스 만들기** 스테이크 소스와 토마토케첩 등 소스 재료를 모두 섞어 찹 스테이크 소스를 만든다.

5 **팬에 볶기** 양념한 고기를 볶다가 소스를 넣고 양파, 파프리카, 양송이를 넣어 센 불에서 볶는다.

가벼운 안주로 어울리는 찹 스테이크
고기를 잘게 썰어(chopping) 소스에 버무린 찹 스테이크는 한입에 먹기 좋을 뿐만 아니라 양껏 덜어 먹을 수 있어 편리해요. 격식을 갖추지 않은 식사나 뷔페, 술안주로 잘 어울리죠, 나이프 다루기가 쉽지 않은 아이들 식사로도 안성맞춤이에요.

낙지볶음

매콤하고 야들야들한 낙지볶음. 볶음 양념에 밥을 볶아 먹거나 소면에 비벼 먹는 맛 또한 별미죠. 낙지를 살짝 데쳐서 볶으면 물기가 생기지 않아 좋아요.

재료(4인분)

낙지 2마리
청·홍고추 2개씩
양파 1개
대파 1대
마늘 5쪽
소금 적당량
식용유 조금

양념
고춧가루 5큰술
물 4큰술
고추장·설탕·물엿 2큰술씩
청주 1큰술
다진 마늘 3큰술
다진 생강 1/2작은술
소금 2작은술

만들기

1 **낙지 손질하기** 낙지는 소금을 뿌려 주물러 씻은 뒤 머리를 반 갈라 내장을 제거하고 물에 깨끗이 헹군다. 손질한 낙지는 5~6cm 길이로 큼직하게 썬다.

2 **채소 준비하기** 고추와 대파는 어슷하게 썰고, 양파는 가늘게 채 썰고, 마늘은 얇게 저민다.

3 **양념장 만들기** 재료를 모두 섞어 양념장을 만든다. 매운맛은 고춧가루의 양으로 조절한다.

4 **낙지·채소 볶기** 달군 팬에 식용유를 두르고 손질한 채소를 볶다가 낙지와 양념장을 넣고 고루 섞이도록 볶는다.

cooking tip

소면을 삶아 곁들이면 좋아요
맵고 진한 맛의 낙지볶음은 술안주로 환영받는 메뉴입니다. 낙지볶음은 소면과 함께 내면 좋은데, 낙지볶음 양념에 비벼서 먹으면 한 끼 식사를 대신할 수 있어요. 술안주만으로는 왠지 허전할 때 낙지볶음 소면이 안성맞춤이에요.

로스트 치킨

통째로 구워 푸짐한 고기요리. 파티 상차림에 바비큐 대신 올리면 돋보여요.
오븐에 구울 때 너무 많이 익히면 육질이 질겨질 수 있으니 시간을 잘 조절하세요.

Roast Chicken

재료(4인분)

닭 1마리
레몬 1/2개
소금·후춧가루 조금씩
버터 50g
양파 1개
당근 1개
셀러리 1대
빵가루 1½컵
올리브오일 적당량

만들기

1 **닭 손질해 밑간하기** 중간 크기의 닭을 손질한 뒤 레몬즙을 뿌리고 소금과 후춧가루로 밑간한다.

2 **채소 썰기** 양파와 당근은 적당한 크기로 썰고 셀러리는 질긴 막을 벗겨낸 뒤 적당한 길이로 어슷하게 썬다.

3 **빵가루에 채소 버무리기** ②의 채소 중 절반은 그릇에 담아 빵가루와 올리브오일에 버무리고 나머지는 따로 둔다.

4 **닭 속 채우기** 닭의 뱃속에 ③의 채소들을 꼭꼭 채워 넣고 닭의 겉면에 버터를 고루 바른다.

5 **오븐에 굽기** 오븐 팬에 남은 채소들을 깔고 속 채운 닭을 올려 180℃로 예열한 오븐에서 1시간 정도 굽는다.

1

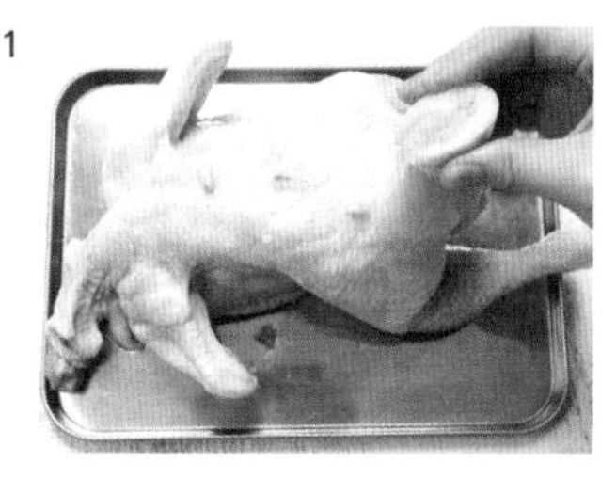

3

4

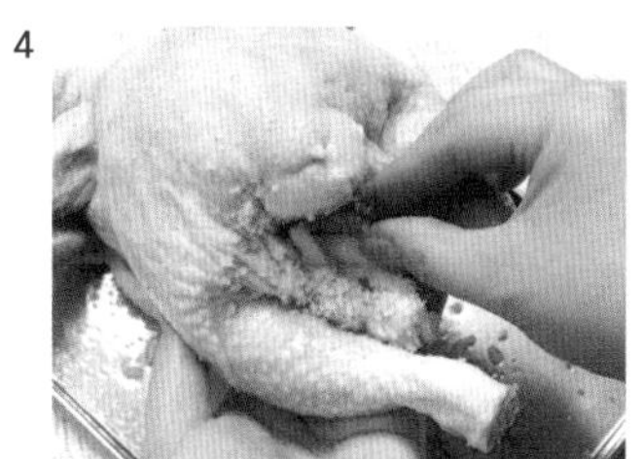

5

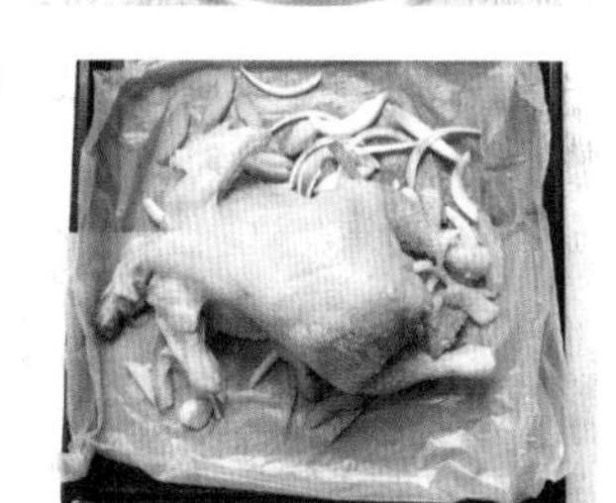

cooking tip

닭 겉면에 버터를 발라 구우세요

닭을 통째로 1시간 정도 구우면 겉면이 건조해질 수 있어요. 오븐에 넣기 전에 버터를 한 번 바르고 20분 정도 지난 뒤 다시 한번 덧발라주면 껍질이 따로 떨어지거나 타는 것을 막을 수 있어요.

샤부샤부

샤부샤부는 쉽게 준비할 수 있는 손님상 맞춤 음식이에요. 재료 자체의 맛을 살리기 위해 조리시간은 짧게, 간은 되도록 약하게 하는 것이 포인트입니다.

재료(4인분)

쇠고기(샤부샤부용) 600g
표고·느타리·양송이·팽이버섯 100g씩
배추·청경채 100g씩
쑥갓 80g

육수
다시마(10×10cm 크기) 2장
무(7cm 크기) 1토막
가다랑어포 1줌
청주 3큰술
물 12컵

참깨 소스
육수 6큰술
깨소금 4큰술
식초·청주·간장 2큰술씩

만들기

1 **육수 끓이기** 다시마, 무, 가다랑어포 등 육수 재료를 냄비에 넣고 중불에서 30분 정도 끓인다. 국물이 우러나면 체에 거른다.

2 **버섯·쇠고기 준비하기** 표고와 양송이는 세로로 얇게 저미고 느타리와 팽이는 가닥을 쪼개 접시에 가지런히 담는다.

3 **채소 준비하기** 배추는 길이로 채 썰고 쑥갓은 적당한 길이로 자른다. 청경채는 한 잎씩 떼어 접시에 함께 담는다.

4 **소스 만들기** 재료를 분량대로 섞어 소스를 만든 다음 1인용 소스 접시에 나누어 담는다.

5 **끓는 국물에 재료 익히기** ②의 국물을 전골냄비 담아 끓인다. 국물이 끓으면 재료를 담가 건져 소스에 찍어 먹는다.

1 2 3 4

cooking tip

입맛에 따라 다양하게 응용하세요
참깨 소스 외에 간장 소스나 땅콩 소스를 준비해보세요. 간장 소스는 간장·식초·청주 3큰술, 육수 1큰술, 다진 실파·레몬즙 조금을 섞으면 되고, 땅콩 소스는 땅콩버터 2큰술, 청주·식초·참깨 1큰술, 육수 5큰술, 간장·다진 실파·레몬즙 조금을 섞으면 됩니다.

닭고기 캐슈너트 볶음

밑간한 닭다리살을 캐슈너트, 망고, 파프리카와 함께 볶아 굴소스로 맛을 낸
동남아식 닭요리. 술자리를 겸한 손님상 초대요리로 준비하면 좋아요.

재료(4인분)

닭다리살 430g

닭고기 밑간
다진 마늘 1/2큰술
소금·후춧가루 조금씩
청·홍 파프리카 1개씩
양파 1개
망고 1/2개
캐슈너트 3큰술
다진 마늘 1/2큰술
식용유 2큰술

볶음 양념
굴소스·간장 2큰술씩
참기름 1큰술
다진 실파 3큰술
설탕 1작은술

만들기

1 **닭다리 밑간하기** 닭다리살을 뼈에서 발라낸 뒤 3cm 크기로 썰어 다진 마늘과 소금·후춧가루로 밑간한다.

2 **양파·파프리카·망고 준비하기** 양파와 파프리카는 사방 2cm로 썰고, 망고는 씨를 발라낸 뒤 같은 크기로 썬다.

3 **닭다리살 볶기** 기름 두른 팬에 다진 마늘을 볶아 향을 낸 뒤 밑간한 닭다리살을 넣어 반쯤 익을 때까지 볶는다.

4 **부재료 넣어 볶기** 양파, 파프리카를 넣고 좀 더 볶다가 망고와 캐슈너트, 볶음 양념을 넣고 다진 실파와 참기름으로 맛을 낸다.

1

2

3

4

cooking tip

닭고기는 밑손질이 중요해요
닭고기는 특유의 냄새가 있어 밑간을 잘해야 해요. 가장 좋은 방법은 소금·후춧가루, 생강즙, 양파즙, 파, 마늘 등을 넉넉히 뿌려 재어놓는 거예요. 이렇게 30분 정도만 두면 닭 냄새가 말끔히 사라집니다.

오징어 냉채

데친 오징어와 신선한 채소를 와사비 간장소스에 무친 냉채입니다.
매콤 새콤한 소스가 식욕을 돋게 해 손님상 전채요리로 준비하면 좋아요.

재료(4인분)

오징어 1마리
양파·오이·당근 1/2개씩
래디시 4개

소스

간장·맛술 5큰술씩
식초 3큰술
와사비 1작은술
설탕 조금

만들기

1 **오징어 손질하기** 오징어는 내장을 빼내고 소금으로 살살 문질러 껍질을 벗긴 뒤 물에 깨끗이 씻는다.

2 **칼집 넣어 썰기** 손질한 오징어는 길게 반으로 가른 뒤 안쪽에 사선으로 칼집을 넣어 한입 크기로 썬다.

3 **끓는 물에 데치기** 끓는 물에 손질한 오징어를 데친 뒤 바로 찬물에 식혀 건진다.

4 **채소 준비하기** 양파는 채 썰고 오이는 반 갈라 어슷하게 저며 썬다. 당근은 오이와 같은 크기로 썰고 래디시는 얇게 저민다.

5 **소스 만들어 버무리기** 재료를 분량대로 섞어 소스를 만든 다음 데친 오징어와 손질한 채소에 끼얹는다.

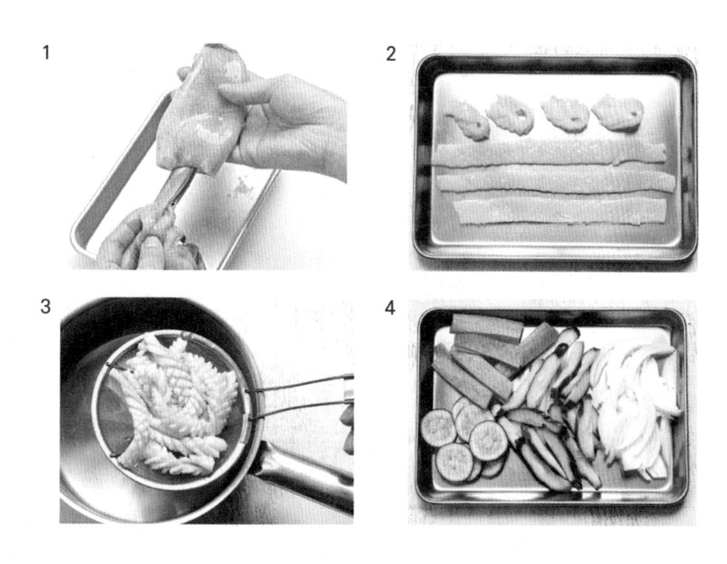

cooking tip

오징어 손질하기

먼저 몸통 속으로 손가락을 쑥 집어넣어 내장을 가만히 떼어낸 뒤 다리와 붙은 부분을 잘라내요. 이때 내장이 터지지 않게 조심해야 해요. 껍질은 종이타월을 손에 쥐고 벗기거나 굵은 소금을 묻혀가면서 벗기면 쉽게 벗길 수 있어요.

난자완스

돼지고기 동그랑땡을 튀겨서 채소와 함께 소스에 버무린 요리. 고추기름에 볶아
약간 매콤한 맛이 나면서도 부드러워 누구나 좋아하는 중국요리입니다.

재료(4인분)

동그랑땡
다진 돼지고기 300g
다진 마늘·다진 대파 1큰술씩
간장 1큰술
청주 1/2큰술
소금·후춧가루 조금씩
달걀흰자 1개분
녹말가루 4큰술

청경채 2포기
표고버섯 2장
죽순·양파 1/2개씩
당근 1/4개
식용유·고추기름 1큰술씩

난자완스 소스
물 1컵
간장 3큰술
설탕 1작은술
녹말 1큰술
참기름 1/2큰술
소금·후춧가루 조금씩

만들기

1 **동그랑땡 반죽하기** 다진 돼지고기는 간장, 소금·후춧가루, 청주로 밑간한 뒤 나머지 재료를 넣고 여러 번 주물러 동글납작하게 완자를 빚는다.

2 **동그랑땡 튀기기** 달군 팬에 식용유를 넉넉히 두르고 동그랑땡을 튀겨낸 다음 종이타월에 밭쳐 기름기를 뺀다.

3 **채소 준비하기** 청경채는 4cm 길이로 자르고 표고버섯은 기둥을 떼고 6등분한다. 양파와 당근은 네모지게 썰고 죽순은 모양을 살려 썬다.

4 **재료 볶기** 달군 팬에 식용유와 고추기름을 두르고 다진 마늘을 볶아 향을 낸 뒤 당근, 양파, 버섯, 청경채, 죽순 순으로 볶는다.

5 **소스 넣어 맛내기** ④에 물을 부어 끓이다가 간장과 설탕을 넣고 녹말을 풀어 걸쭉하게 끓인다. 마지막에 동그랑땡을 넣고 참기름으로 맛을 낸다.

cooking tip

냉동 동그랑땡으로 간편하게 해보세요
돼지고기로 직접 반죽을 하는 대신 시중에서 파는 냉동 동그랑땡을 이용해 난자완스를 만들어보세요. 반죽을 하는 과정이 생략되어 훨씬 간편해요. 빠른 시간에 그럴듯한 요리를 선보이고 싶을 때 아이디어를 발휘하면 좋아요.

쇠고기 겨자채

길게 썬 쇠고기를 살짝 구워 새콤한 겨자 소스를 끼얹어 내는 한국식 전채요리.
오이, 당근 등 색색의 채소와 함께 내면 맛과 영양의 균형을 이룰 수 있어요.

Julienned Beef and Vegetables with Mustard sauce

재료(4인분)

쇠고기 등심 300g
양파·오이·배 1/2개씩
당근 1/3개
죽순(통조림) 1개
달걀 2개
소금·후춧가루 조금씩

겨자 소스

식초·물 2큰술씩
연겨자·설탕 1큰술씩
소금 1/2작은술

만들기

1 **쇠고기 양념하기** 쇠고기는 5cm 길이, 1cm 굵기로 썰어 소금과 후춧가루로 양념을 해서 간이 배게 둔다.

2 **쇠고기 굽기** 쇠고기에 간이 배면 달군 팬에 살짝 굽는다.

3 **오이·당근·배 준비하기** 오이는 굵은 소금으로 문질러 씻은 뒤 길이 4×1cm 크기로 납작하게 썰고 당근과 배도 같은 크기로 썬다.

4 **죽순 삶기** 죽순은 4×1cm 크기로 썬 뒤 끓는 물에 데쳐 찬물에 헹궈 건진다.

5 **달걀지단 부치기** 달걀은 흰자와 노른자를 분리해 곱게 푼 뒤, 팬에 기름을 두르고 약한 불에서 지단을 부쳐 4×1cm 길이로 썬다.

6 **소스 만들어 끼얹기** 소스 재료를 섞어 겨자 소스를 만든 뒤 준비한 재료를 접시에 담고 소스를 끼얹는다.

1

3

4

5

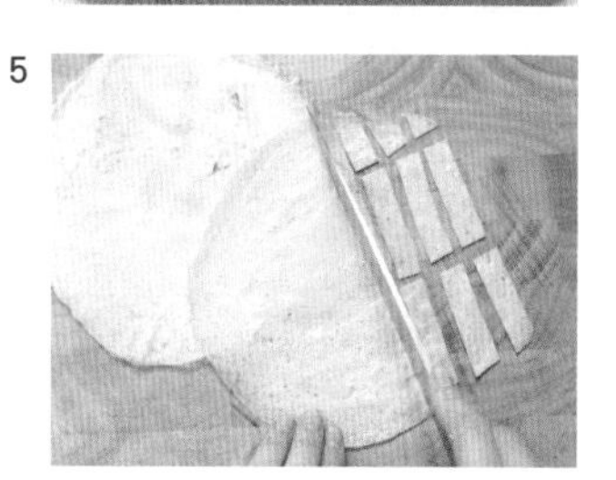

cooking tip

닭살로 냉채를 만들어보세요

쇠고기 대신 닭살로 냉채를 만들어도 좋아요. 마늘, 생강, 청주를 넣은 물에 닭가슴살을 삶은 다음 먹기 좋게 찢어서 차게 식혀두었다가 갖은 채소와 함께 겨자 소스로 무치면 매콤 새콤하고 담백한 닭살냉채가 됩니다.

모둠 꼬치튀김

닭고기와 새우, 채소를 불고기 양념에 재워 바삭하게 튀긴 모둠 꼬치튀김은 술안주로 환영받는 메뉴죠. 매콤한 마늘크림 소스가 느끼함을 없애주고 깔끔한 맛을 내요.

재료(4인분)

닭안심 150g
새우 10마리
새송이버섯 2개
청·홍 파프리카 1/2개씩
녹말가루 1/2컵
식용유 적당량

불고기 양념
간장·물 3큰술씩
설탕 1½큰술
청주·물엿 1큰술씩
다진 마늘·다진 파 1큰술씩
후춧가루 1작은술

소스
통마늘 12쪽
양파 1/2개
청주 1/4컵
토마토케첩 5큰술
머스터드 소스 1½큰술
레몬즙·올리브오일 적당량
소금·후춧가루 조금씩

만들기

1 **불고기 양념 만들기** 간장, 설탕, 청주, 다진 파·마늘 등 재료를 모두 섞어 불고기 양념을 만든다.

2 **새우 손질하기** 새우는 머리와 꼬리, 내장을 제거한 다음 껍질을 벗긴다.

3 **꼬치에 끼우기** 닭안심과 새송이버섯, 파프리카는 한입 크기로 썰어 손질한 새우와 함께 꼬치에 끼운다.

4 **양념에 재워 튀기기** 꼬치에 끼운 재료를 불고기 양념에 30분 정도 재웠다가 녹말가루를 묻힌 뒤 끓는 기름에 튀긴다.

5 **소스 만들어 곁들이기** 냄비에 소스 재료를 모두 넣고 마늘과 양파가 뭉그러질 때까지 푹 끓인 뒤 체에 내려 소스를 만든다. 튀긴 꼬치에 소스를 곁들여 찍어 먹는다.

1

3
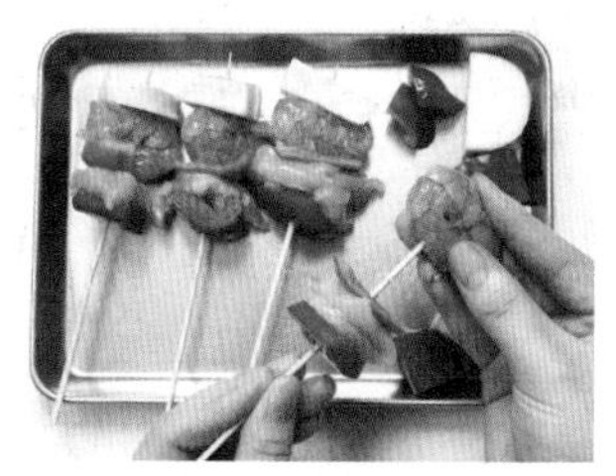

4
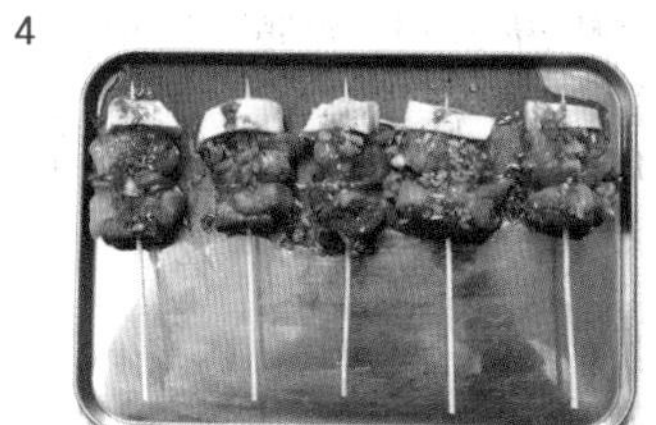

5

/cooking tip/

폰즈 소스에 찍어 먹어도 맛있어요
튀김은 폰즈 소스나 달착지근한 튀김간장에 찍어 먹어도 좋아요. 폰즈 소스는 간장 2큰술, 가다랑어포 국물 1/2컵, 설탕 1/2큰술, 무즙·청주·송송 썬 실파 1큰술씩을 섞어 만들고, 일본식 튀김간장은 가다랑어포 국물 3큰술에 간장·청주 2큰술씩, 설탕 1큰술을 섞어 만듭니다.

토마토소스 해물볶음

패주, 홍합, 새우 등 갖가지 해물과 채소에 토마토소스가 어우러진 해물 볶음이에요.
해물을 볶을 때 화이트와인을 넉넉히 넣으면 더욱 감칠맛이 나요.

재료(4인분)

홍합살 20개(1½컵)
새우 15마리
패주 8개
양파·붉은 파프리카 1개씩
아스파라거스 3줄기
화이트와인 1/2컵
다진 마늘 1큰술
올리브오일 적당량
소금·후춧가루 조금씩

토마토소스 (1컵)
다진 토마토 1개분
다진 쇠고기 50g
토마토 페이스트 3큰술
닭 육수(또는 물) 2컵
다진 양파·다진 당근 조금씩
다진 마늘 1/2큰술
파르메산 치즈 2큰술
올리브오일·바질잎 적당량
소금·후춧가루 조금씩

만들기

1 **해물 손질하기** 새우는 흐르는 물에 깨끗이 씻고 홍합살은 물에 헹군다. 패주는 흰 막을 벗긴 뒤 두세 번 저민다.

2 **채소 썰기** 양파와 파프리카는 3cm 크기로 네모지게 썰고 아스파라거스는 어슷하게 썬다.

3 **토마토소스 만들기** 오일 두른 팬에 다진 마늘을 볶다가 쇠고기·양파·당근을 넣고 소금·후춧가루로 간해 볶는다. 고기가 익으면 토마토·육수·바질잎을 넣고 더 끓인 뒤 파르메산 치즈를 넣는다.

4 **해물 볶기** 팬에 오일을 두르고 다진 마늘을 볶아 향을 낸 뒤 홍합과 새우, 패주, 화이트와인을 넣어 볶는다.

5 **토마토소스에 버무리기** 국물이 졸면 양파·파프리카·아스파라거스를 넣어 볶고, 토마토소스를 넣어 골고루 버무린다. 마지막에 소금·후춧가루로 간한다.

1

2

4

5

cooking tip

바질잎을 넣으면 향이 좋아져요
이탈리아 요리에는 다양한 허브가 들어가요. 바질잎은 특히 토마토와 잘 어울려 토마토소스 만들 때 조금 넣으면 향이 좋아져요. 프레시 바질을 쓰면 좋지만 없다면 말린 것을 넣어도 됩니다.

베이컨 아스파라거스말이

베이컨에 아스파라거스를 올려 도르르 말아 말면 모양도 그럴듯하고 맛도 좋아
술안주로 인기 만점이죠. 베이컨으로 감아 짭짤한 맛이 나므로 따로 양념이 필요 없어요.

Asparagus Roll with Bacon

재료(4인분)

베이컨 10줄
아스파라거스 10개

머스터드 마요네즈 소스
머스터드 2큰술
마요네즈 4큰술

만들기

1 **아스파라거스 손질하기** 아스파라거스는 딱딱한 밑동을 잘라내고 돌기를 다듬은 뒤 껍질을 얇게 벗긴다.

2 **아스파라거스 자르기** 껍질을 벗겨낸 아스파라거스는 베이컨을 말기 쉽게 베이컨보다 1.5cm 정도 길게 자른다.

3 **베이컨으로 아스파라거스 말기** 베이컨을 세로로 길게 펼쳐 놓고 아스파라거스를 올려 돌돌 만다. 팽팽하게 말아야 나중에 잘 풀어지지 않는다.

4 **팬에 굽기** 달궈진 팬에 베이컨 아스파라거스말이를 굴려가면서 굽는다. 오븐을 이용할 경우 180℃에서 5~7분 굽는다.

5 **소스 곁들여 내기** 머스터드와 마요네즈를 1 : 2의 비율로 섞어 머스터드 마요네즈 소스를 만든 다음 구운 베이컨 아스파라거스말이에 곁들여 찍어 먹는다.

1

3

4

5

cooking tip

피로 해소에 좋은 아스파라거스
아스파라거스는 숙취와 피로 해소에 좋은 아스파라긴산이 풍부해 술안주로 아주 좋은 재료예요. 별다른 맛은 없지만 육류와 잘 어울려 함께 요리하면 좋아요. 베이컨 대신 쇠고기나 슬라이스 햄, 슬라이스 연어 등을 활용해도 좋아요.

삼색 밀전병

녹차, 단호박, 검은깨가루를 섞어 부친 세 가지 색의 밀전병에 갖가지 채소와 고기를 싸 먹는 요리.
간단한 재료로 그럴듯하게 한 상 차릴 수 있어 손님상 메뉴로 잘 어울려요.

재료(4인분)

쇠고기 120g
표고버섯 4장
당근·애호박 1/2개씩
소금·후춧가루 조금씩
식용유 적당량

밀전병 반죽
밀가루 3컵
녹차·단호박·검은깨가루 2작은술씩
달걀 3개
물 3컵
소금 조금

겨자 소스
연겨자 2근술
물 3큰술
설탕·식초 1큰술씩
간장·소금 1작은술씩
다진 마늘 1/2작은술

만들기

1 **재료 준비하기** 모든 재료는 손질해서 가늘게 채 썬다. 표고버섯은 갓 부분만, 애호박은 껍질 부분만 채 썬다.

2 **쇠고기·버섯 볶기** 채 썬 쇠고기와 표고버섯은 각각 소금과 후춧가루로 간해 볶는다.

3 **당근·호박 볶기** 당근과 애호박은 소금을 조금 넣어 살짝 볶는다.

4 **밀전병 반죽하기** 밀가루를 3등분해서 각각 녹차·단호박·검은깨가루를 섞은 뒤 달걀 1개, 물 1컵, 소금 조금씩을 섞어 3가지 반죽을 만든다.

5 **밀전병 부쳐서 담기** 기름 두른 팬에 반죽을 올려 지름 7cm의 밀전병을 부친다. 접시 가운데 밀전병을 담고 볶은 재료들을 둘러 담아 소스와 함께 낸다.

1

3
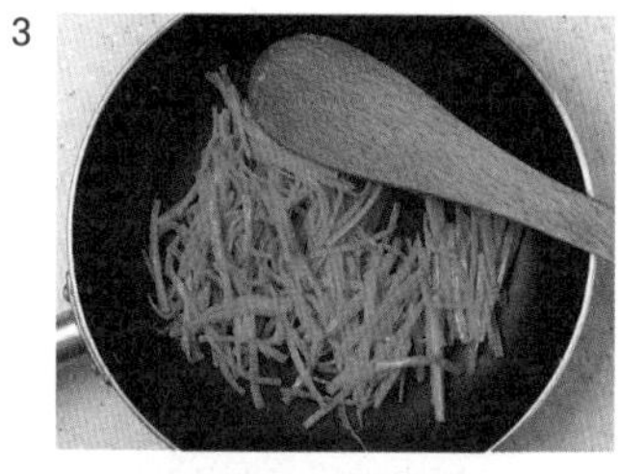

4

5

cooking tip

밀전병을 매끈하게 부치려면

밀전병은 얇고 매끈해야 모양도 예쁘고 밀쌈을 싸 먹기도 편리하죠. 밀전병을 얇고 매끈하게 부치려면 반죽을 곱게 풀고 체에 걸러 멍울을 없애야 해요. 그런 다음 팬에 기름을 두르고 종이타월로 닦아내 반죽을 한 숟가락씩 떠넣어 부치면 됩니다.

모둠 카나페

맥주나 양주 안주로 내면 제격인 핑거 푸드. 식사 전 식욕을 돋우거나 식사 후 디저트로도 잘 어울려요.
만들기 쉽고 토핑을 다양하게 할 수 있어 가성비 좋은 메뉴입니다.

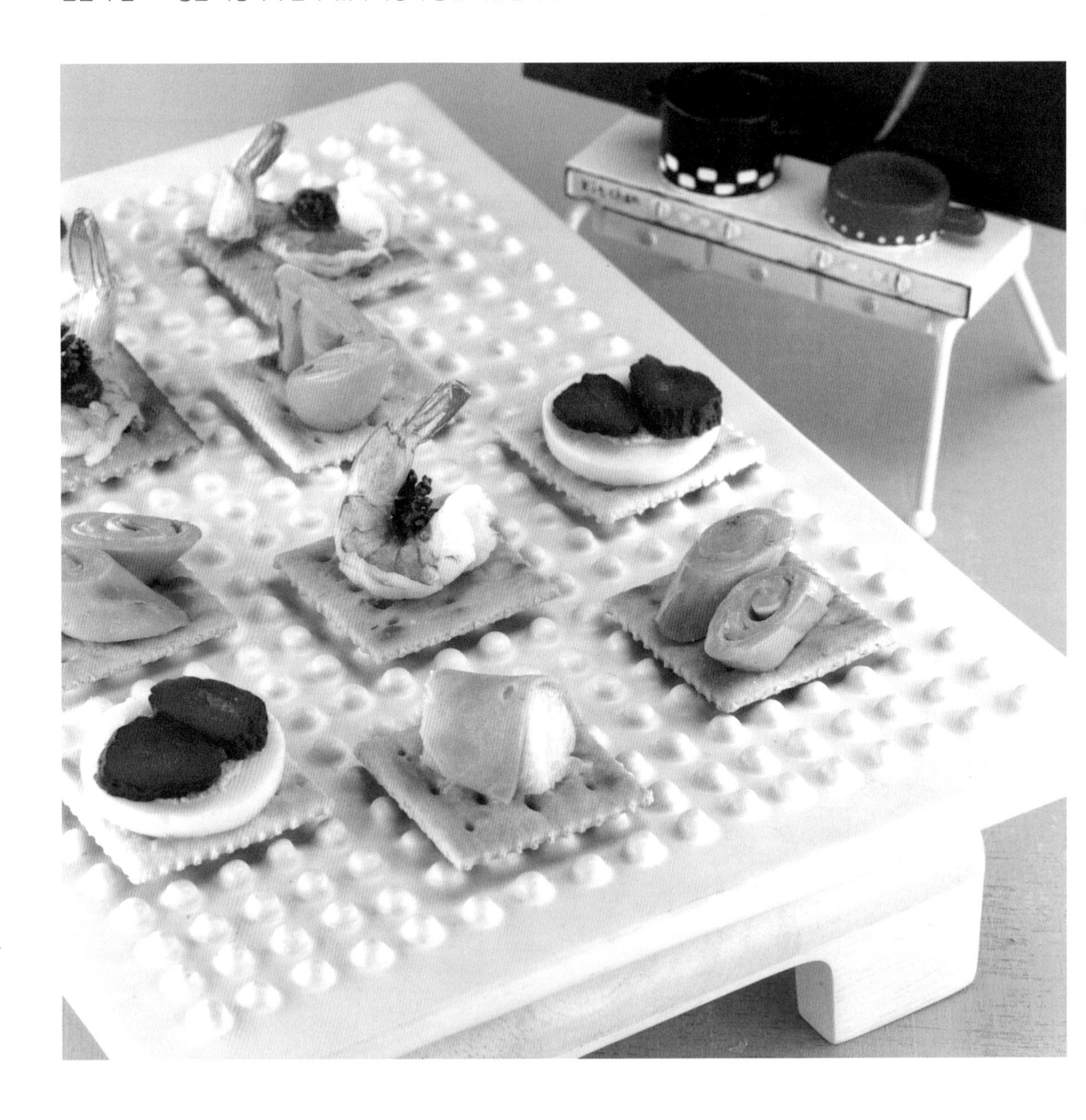

Canape

재료(4인분)

크래커 10개
달걀 2개
칵테일 새우 6마리
슬라이스 체다 치즈 3장
슬라이스 햄 3장
멜론 1/4쪽
오이피클 3개
파슬리 1줄기
토마토케첩 조금

만들기

1 **크래커 준비하기** 네모난 참 크래커나 동그란 제크 크래커를 준비한다.

2 **새우 삶아 올리기** 칵테일 새우는 끓는 물에 살짝 데친 뒤 건져 크래커 위에 올린다.

3 **달걀 슬라이스 올리기** 달걀은 소금을 조금 넣고 완숙으로 삶아 껍질을 벗긴 뒤 슬라이스해서 크래커 위에 올린다.

4 **햄·치즈말이 올리기** 슬라이스 햄 위에 슬라이스 치즈를 얹고 김밥 말듯 돌돌 만다. 이것을 한입 크기로 썰어 크래커 위에 올린다.

5 **멜론 썰어 올리기** 멜론은 씨를 긁어낸 뒤 과육만 발라내 한입 크기로 썰어 크래커 위에 올린다. 남은 슬라이스 햄을 위에 올려도 좋다.

2

3

4

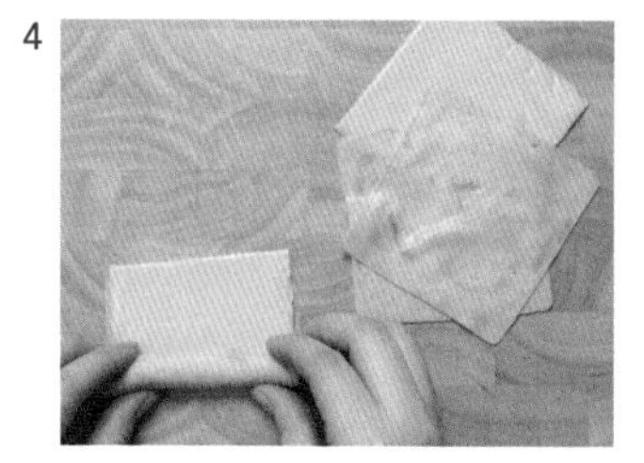

5

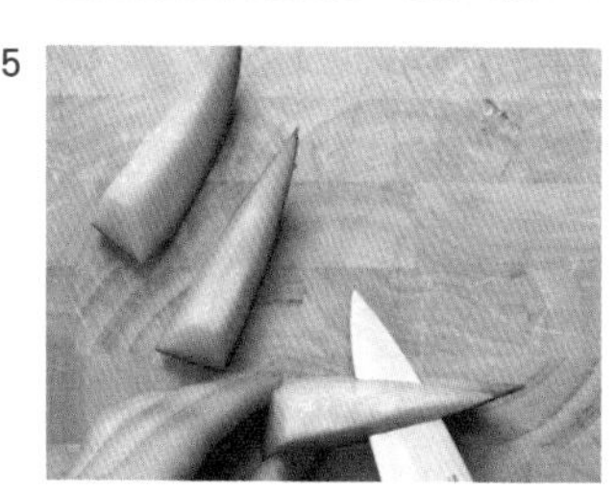

cooking tip

크래커 대신 식빵을 이용해도 좋아요

카나페를 만들 때 크래커 대신 식빵을 이용해도 좋아요. 식빵을 동그란 모양틀로 찍어낸 뒤 한쪽 면에 마요네즈나 초코시럽, 딸기잼 등을 바르고 치즈, 햄, 달걀, 오이 등 기호에 맞는 재료를 작게 썰어 올리면 됩니다.

치즈 플래터

종류가 다른 5~7가지 치즈를 플레이트에 담아 내면 와인 안주로 아주 훌륭해요.
격식을 따지지 않는 홈파티에는 집에 있는 치즈 몇 가지만 준비해도 좋아요.

Cheese Platter

재료(4인분)

카망베르 치즈 100g
에담 치즈 100g
브리 치즈 100g
크림치즈 100g
통깨·검은깨 조금씩

만들기

1 **카망베르·에담 치즈 자르기** 카망베르 치즈는 방사형으로 작게 자르거나 네모지게 자르고, 에담 치즈는 스쿠프로 동그랗게 떠낸다.

2 **브리 치즈 자르기** 동그란 브리 치즈는 방사형으로 조각을 낸다.

3 **크림치즈 모양 빚기** 연성으로 된 크림치즈는 한입에 먹기 좋은 크기로 빚어둔다.

4 **치즈에 깨 묻히기** 모양을 빚은 크람치즈를 통깨와 검은깨로 장식하고 카망베르 치즈 옆면에도 깨를 묻힌다.

5 **접시에 담기** 썰어 놓은 에담 치즈와 에멘탈 치즈, 깨를 묻힌 크림치즈와 카망베르 치즈를 함께 접시에 담는다.

1

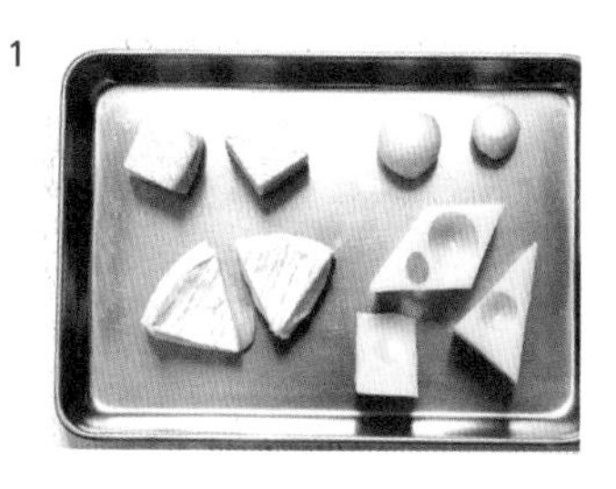

2

3

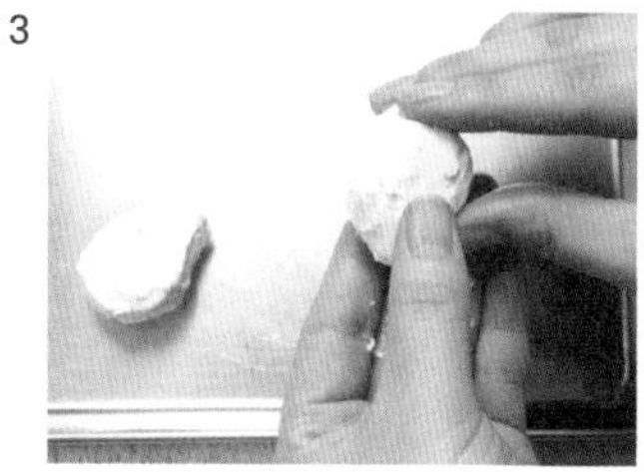

4

cooking tip

치즈로 카나페를 만들어도 좋아요

여러 가지 치즈를 크래커 위에 얹어 카나페로 만들어도 와인 안주로 잘 어울려요. 크래커 위에 카망베르 치즈와 건포도를 올리면 더욱 맛있어요. 사과를 얇게 썰어 치즈 밑에 깔거나, 아몬드·호두 등의 견과류를 올려도 좋아요.

바쁜 아침에는 한 상 차려서 식사를 할 여유가 없어요. 밥맛이 없어 아침을 거르는 경우도 많고요. 이럴 때 요긴한 메뉴들을 모아봤어요. 재료가 간단하고 만들기 쉬우며 영양가 있는 죽과 수프, 샐러드를 소개합니다.

part 5

간단한 아침 죽·수프 & 샐러드

치즈 오믈렛

오믈렛에 치즈를 더해 맛과 영양을 업그레이드시켰어요. 오믈렛은 완전히 익히지 말고 조금 덜 익혀야 부드러운 맛이 납니다. 양파나 당근, 파프리카 등의 채소를 다져 넣어도 좋아요.

Cheese Omelette

재료(4인분)

달걀 6개
슬라이스 체다 치즈 3장
생크림 1½큰술
버터 1큰술
소금·후춧가루 조금씩

토마토케첩 적당량

만들기

1 **치즈 썰기** 슬라이스 체다 치즈는 적당한 크기로 썬다.

2 **달걀 풀기** 달걀을 깨뜨려 푼 뒤 소금과 후춧가루로 간을 하고 체에 내려 멍울 없이 준비한다.

3 **달걀물에 치즈 섞기** 곱게 내린 달걀물에 잘라둔 체다 치즈와 생크림을 넣고 골고루 섞는다.

4 **스크램블 하기** 버터 두른 팬에 달걀물을 붓고 젓가락으로 재빨리 휘젓는다.

5 **모양 잡아 굳히기** 덜 익힌 상태에서 갸름하게 모양을 잡은 뒤, 불을 끄고 접시에 담아 토마토케첩을 뿌린다.

/cooking tip/

달걀요리는 약한 불에서 해야 실패가 없어요
오믈렛이나 달걀지단, 달걀프라이 등을 실패 없이 매끈하게 하려면 약한 불에서 조리하는 것이 중요해요. 센 불에서 조리하면 기포도 많이 생길 뿐만 아니라 겉은 누렇게 타들어가고 속은 익지 않아 모양이 나지 않는답니다.

클램차우더

조갯살을 넣고 걸쭉하게 끓인 클램차우더는 간편한 아침식사로도 잘 어울려요.
조갯살 외에 베이컨, 감자, 당근, 양파 등 다양한 재료가 들어가 영양도 풍부하답니다.

재료(4인분)

조갯살 1컵
베이컨 150g
감자 1개
당근 1/2개
양파 1/2개
완두콩 2큰술

조개국물 3컵

화이트소스
밀가루 3큰술
버터 2큰술
우유 2컵
소금·후춧가루 조금씩

파슬리 조금

만들기

1 **채소 준비하기** 감자, 당근, 양파는 2cm 크기로 납작 썰고 완두콩은 씻어 건진다.

2 **조갯살 헹구기** 조갯살을 체에 담은 채 흐르는 물에 살짝 헹군다.

3 **베이컨 썰어 볶기** 베이컨을 다져서 팬에 기름 없이 볶다가 감자·당근·양파·완두콩, 조갯살을 순서대로 넣어 함께 볶는다.

4 **조개국물 넣어 끓이기** 재료가 익으면 조개국물을 붓고 끓인다.

5 **화이트소스 만들기** 팬에 버터를 녹여 밀가루를 볶다가 우유를 조금씩 부으면서 멍울지지 않게 잘 풀어주고 소금·후춧가루로 간한다.

6 **클램차우더 끓이기** ③에 화이트소스를 붓고 약한 불에서 은근히 끓이다가 파슬리를 잘게 다져 넣는다.

1

3

4

6

cooking tip

부드러운 화이트소스 만들기
크림수프의 기본인 화이트소스는 멍울 없이 부드럽게 끓이는 것이 기본이죠. 버터와 밀가루가 덩어리 지지 않도록 약한 불에서 잘 섞어주면서 볶고, 우유를 조금씩 부으면서 풀어주는 것이 중요해요. 그래도 멍울이 생기면 체에 곱게 내려주면 됩니다.

야채죽

소화기능이 약하거나 입맛이 없을 때 야채죽을 끓여보세요. 먹기도 간편하고 위에 부담을 주지 않아 아침식사로도 좋아요. 냉장고 속 남는 채소를 활용할 수 있어 더욱 효율적이에요.

재료(4인분)

쌀 3컵
감자 2개
양파·당근·애호박 1/2개씩
김 2장
소금·참기름 조금씩
물 8컵

만들기

1 **쌀 씻기** 쌀을 씻어 30분 정도 불린 뒤 체에 밭쳐 물기를 뺀다.

2 **감자·양파·당근·애호박 썰기** 감자와 양파, 당근은 잘게 다지고, 애호박은 씨 부분을 도려내 잘게 썬다.

3 **채소 볶기** 냄비에 참기름을 두르고 감자와 당근을 먼저 볶다가 살짝 익으면 양파와 애호박을 넣어 마저 볶는다.

4 **물 붓고 죽 끓이기** 볶은 채소에 물을 붓고 한소끔 끓이다가 불려 놓은 쌀을 넣고 은근한 불에서 푹 끓인다. 간은 소금으로 맞춘다.

5 **김 구워 올리기** 석쇠에 김을 넣고 앞뒤로 바삭하게 구운 다음 가늘게 채 썰어 죽 위에 올린다.

cooking tip

다진 쇠고기를 넣어도 좋아요

채소만으로 영양이 부족하다면 다진 쇠고기를 넣고 고기채소죽을 끓여도 좋아요. 쇠고기를 간장, 파, 마늘, 참기름, 깨소금 등으로 갖은 양념을 해서 볶다가 쌀을 넣고 물을 부어 끓이면 됩니다. 쌀이 퍼지면 잘게 썬 채소들을 넣고 좀 더 끓여서 완성해요.

새우부추죽

정력 채소로 알려진 부추는 정신을 맑게 하고 입맛을 되살려주는 효과가 있어요.
통통한 새우살과 송송 썬 부추를 넣고 푹 끓인 새우부추죽은 건강을 위한 아침대용식으로 좋아요.

Rice Porridge with Shrimp and Chives

재료(4인분)

쌀 1컵
새우살 1½컵
부추 1줌
물 7컵

양념 간
청주 1/2작은술
국간장 2/3큰술
소금 1/2작은술

만들기

1 **쌀 준비하기** 쌀은 깨끗이 씻어 불린 뒤 쌀알이 반쯤 으깨지도록 분마기에 갈거나 방망이로 빻는다.

2 **새우살·부추 손질하기** 새우살은 소금물에 씻어 건지고, 부추는 씻어 물기를 뺀 뒤 송송 썬다.

3 **쌀 볶기** 냄비를 뜨겁게 달군 뒤 참기름을 두르고 반쯤 으깬 쌀을 볶는다.

4 **물 붓고 끓이기** 쌀알이 투명하게 볶아지면 물을 붓고 센 불에 올려 끓인다.

5 **새우살 넣기** 죽이 끓으면 불을 줄이고 새우살을 넣어 함께 끓인다.

6 **부추 넣고 간하기** 송송 썬 부추와 청주를 넣고 좀 더 끓이다가 국간장과 소금으로 간을 맞춘다.

1

2

3

6

plus recipe

부추된장죽(2인분)
부추 1줌(100g), 불린 현미 1컵, 다시마(10×10cm) 1장, 된장·가다랑어포 2큰술씩, 물 10컵
① 냄비에 물과 다시마를 끓이다가 가다랑어포를 넣고 불을 끈다. ② 국물이 우러나면 체에 거른 뒤 된장을 걸러 푼다. ③ 된장국물에 불린 현미를 넣고 센 불에서 끓이다가 불을 줄여 현미가 푹 퍼지도록 끓인다. ④ 부추를 적당한 크기로 썰어 넣고 조금 더 끓인다.

양송이 크림수프

부드럽고 고소한 양송이 크림수프는 후루룩 먹기 좋은 영양식이에요. 밀가루 대신
쌀을 갈아 만들었기 때문에 속이 든든하고 편안해 아침 대용식으로 준비하면 좋아요.

Mushroom Cream Soup

재료(4인분)

쌀 1컵
양송이버섯 20개
양파 1개
대파 1뿌리
버터 2작은술
화이트와인 1/2컵
닭 육수 6컵
생크림 1컵
소금·후춧가루 조금씩

만들기

1 쌀 불리기 쌀을 깨끗이 씻어 물에 충분히 불린다.

2 재료 준비하기 양송이버섯은 밑동 끝을 잘라내고 세로로 얇게 저민다. 양파는 채 썰고 대파는 어슷하게 썬다.

3 재료 볶기 팬에 버터를 두르고 양파, 양송이, 대파를 넣어 살짝 볶다가 불린 쌀을 넣고 더 볶는다.

4 닭 육수 넣고 끓이기 쌀이 투명하게 익으면 화이트와인을 넣고 조리다가 닭 육수를 넣고 약한 불에서 은근히 끓인다.

5 믹서에 갈아 체에 내리기 쌀이 뭉그러질 정도로 충분히 끓으면 불에서 내린 뒤 믹서에 곱게 갈아 체에 내린다.

6 다시 끓여 그릇에 담기 ⑤에 생크림을 넣고 다시 끓인다. 다 되면 그릇에 담고 소금·후춧가루로 간한 뒤 파슬리가루를 뿌린다.

1

2

3

4

cooking tip

바쁠 때는 체에 거르지 않아도 돼요

수프를 믹서에 갈아서 체에 내리면 음료처럼 후루룩 마실 수 있어 좋지만, 이러한 과정이 번거롭다면 갈지 말고 그대로 끓여도 됩니다. 이 경우 쌀 대신 쌀가루를 넣는 것이 좋아요. 그래야 부드러운 수프의 제맛을 낼 수 있어요.

사과 브리치즈 샐러드

와인에 조려 향긋하고 달콤한 사과와 부드러운 브리 치즈, 신선한 채소를 어울리게 담아
발사믹 드레싱을 끼얹은 샐러드. 새콤한 발사믹 드레싱이 산뜻한 맛을 더해줘요.

재료(4인분)

브리 치즈 120g
사과 1개
식빵 4쪽
화이트와인 3큰술
황설탕 2큰술
버터 1큰술
올리브오일 4큰술
양상추 4줌
치커리 1줌
방울토마토 10개
파르메산 치즈가루 2큰술

발사믹 드레싱

올리브오일 3큰술
발사믹 식초 4큰술
소금·후춧가루 조금씩

만들기

1 **사과 조리기** 사과는 사방 1cm 크기의 주사위 모양으로 썰어 버터에 볶은 뒤 설탕과 와인으로 조린다.

2 **크루통 만들기** 식빵은 사방 1cm의 주사위 모양으로 썰어 올리브오일에 버무린 뒤 팬에 볶는다.

3 **브리 치즈 자르기** 브리 치즈는 길게 잘라 한입 크기로 썬다.

4 **샐러드 채소 준비하기** 양상추와 치커리는 물에 씻은 뒤 손으로 뜯어 놓는다.

5 **드레싱 만들어 뿌리기** 접시에 샐러드 채소와 사과, 브리 치즈를 섞어 담고 파르메산 치즈를 뿌린 뒤 발사믹 드레싱을 만들어 끼얹는다.

cooking tip

딱딱해진 식빵으로 크루통을 만드세요

오래 되어 딱딱해진 식빵이나 샌드위치를 만들고 남은 식빵 가장자리는 버리지 말고 모아 두었다가 크루통을 만드는 데 이용해보세요. 식빵 조각을 굽거나 튀겨서 만든 크루통은 수프와 샐러드에 넣으면 좋아요.

그린 샐러드

각종 채소에 새콤달콤한 복숭아 드레싱을 만들어 끼얹은 샐러드예요. 복숭아 통조림과 양파를 갈아서 섞고 발사믹 식초, 화이트와인으로 맛을 내 달콤하면서도 깔끔한 맛이 나요.

Green Salad

재료(4인분)

치커리 8장
비트잎·양상추잎 5장씩
오이·당근 1/4개씩
래디시 2개

복숭아 드레싱
복숭아(통조림) 2쪽
양파 1/2개
발사믹 식초 3큰술
화이트와인 2큰술
소금·후춧가루 조금씩

만들기

1 **양파 썰어 삶기** 양파는 채 썰어 끓는 물에 살짝 데친다.

2 **드레싱 재료 믹서에 갈기** 삶은 양파와 복숭아 통조림, 나머지 드레싱 재료를 믹서에 모두 넣고 곱게 간다.

3 **체에 거르기** 곱게 간 재료를 다시 한번 체에 걸러내 맑은 즙만 받는다.

4 **잎채소 준비하기** 치커리와 비트잎, 양상추는 찬물에 담가 싱싱하게 한 뒤 물기를 털고 적당한 크기로 뜯어놓는다.

5 **오이·당근·래디시 준비하기** 오이와 당근은 둥글게 돌려 깎고 래시디는 얇게 저민 다음, 잎채소와 함께 접시에 담고 드레싱을 뿌린다.

cooking tip

맛있는 샐러드를 만드는 노하우
샐러드에 들어가는 잎채소는 칼로 썰지 말고 손으로 뜯어서 준비하는 것이 좋아요. 칼로 채소를 썰면 단면이 쉽게 갈변하고 수분이 빠져나오기 때문이죠. 또 채소의 물기를 충분히 빼야 드레싱이 겉돌지 않는답니다.

케이준 치킨 샐러드

고단백 저지방인 닭안심에 여러 가지 채소와 과일들이 어우러져 영양의 균형이 잡혀 있는 샐러드입니다.
새콤달콤한 소스를 뿌려 간식은 물론 한 끼 식사로 훌륭해요.

재료(4인분)

닭안심 200g
식용유 7컵
양상추 1/4통
오렌지 1개
키위 2개
방울토마토 10개
삶은 달걀 2개
올리브 10알
케이준 스파이스 적당량

튀김옷
달걀노른자 2개
얼음물 1컵
밀가루·녹말가루 1컵씩
소금·설탕 조금씩

샐러드 소스
마요네즈 8큰술
허니 머스터드 2큰술
다진 양파·셀러리 1큰술씩
다진 오이피클 2큰술
오이피클 물 4큰술
레몬주스·꿀 1큰술씩

만들기

1 **닭안심에 케이준 스파이스 뿌리기** 닭안심은 적당한 크기로 썬 뒤 케이준 스파이스 파우더를 뿌려 밑간한다.

2 **튀김옷 반죽 만들기** 밀가루, 녹말가루, 소금, 설탕을 섞어 체에 내린 뒤 달걀노른자와 얼음물을 넣어 튀김옷 반죽을 만든다.

3 **기름에 튀기기** 밑간한 고기를 튀김옷에 담갔다가 건져 180℃의 기름에 바삭하게 튀긴 뒤 한입 크기로 썬다.

4 **과일·채소 준비하기** 양상추는 한입 크기로 뜯어 얼음물에 담갔다가 건지고 방울토마토, 오렌지, 키위, 올리브, 삶은 달걀은 적당한 크기로 자른다.

5 **샐러드 소스 만들기** 재료를 잘 섞어 샐러드 소스를 만든 뒤 준비한 채소와 닭고기와 함께 내 찍어 먹게 한다.

1

2

3

4

cooking tip

튀김을 바삭하게 하려면
튀김옷 반죽을 할 때 녹말가루를 섞으면 바삭거리는 질감이 더욱 좋아져요. 물은 반드시 얼음물로 하고, 반죽을 섞을 때는 젓가락으로 대충 휘저어 날 밀가루가 살짝 보일 정도로 하는 것이 바삭한 맛을 유지하는 비결입니다.

훈제연어 샐러드

냉동 훈제연어와 바삭한 크루통, 신선한 채소를 섞어 만든 샐러드. 올리브오일과 화이트와인, 다진 토마토 등으로 만든 이탈리안 드레싱이 샐러드의 맛을 더욱 풍부하게 해요.

재료(4인분)

훈제연어 200g
달걀 2개
식빵 2장
양상추·겨자잎 4장씩
치커리 6장
무순 1/2팩
파르메산 치즈가루 1큰술
파슬리 조금
올리브오일 적당량

이탈리안 드레싱
올리브오일 1컵
식초 5큰술
화이트와인 3큰술
설탕 1큰술
다진 토마토 3큰술
다진 파프리카 1큰술
다진 마늘 1작은술
소금 1작은술
레몬즙 조금
파슬리 가루·흰 후춧가루 조금씩

만들기

1 **훈제연어 손질하기** 냉동 훈제연어는 상온에 살짝 녹인 뒤, 길쭉한 모양을 그대로 살려 한 장씩 떼어 놓는다.

2 **크루통 굽기** 식빵은 사방 3cm의 주사위 모양으로 썰어 올리브오일로 버무린 뒤 팬에 굽는다.

3 **달걀 삶아 체에 내리기** 달걀을 완숙으로 삶아 흰자와 노른자를 분리한 다음 각각 체에 내린다.

4 **채소 준비하기** 양상추와 겨자잎, 치커리, 무순은 흐르는 물에 씻어 물기를 턴 뒤 먹기 좋게 뜯는다.

5 **드레싱 끼얹기** 준비한 재료를 모두 접시에 담고 이탈리안 드레싱을 만들어 끼얹는다. 그 위에 체에 내린 달걀을 솔솔 뿌린다.

이탈리안 드레싱에는 발사믹 식초가 좋아요
이탈리안 드레싱에는 양조 식초보다는 발사믹 식초가 잘 어울려요. 발사믹 식초는 화이트와인에 식초를 섞어 숙성시킨 것으로 드레싱의 감칠맛을 좋아지게 합니다. 올리브오일과 섞어 담백한 포카치아 빵을 찍어 먹어도 좋아요.

연두부 샐러드

연두부에 신선한 채소를 얹고 미소된장 드레싱을 끼얹은 연두부 샐러드. 연두부는 담백하고 부드러울 뿐만 아니라 칼로리가 낮아 다이어트에 아주 좋은 식품이에요.

재료(4인분)

연두부 2모
오이·당근 1/2개씩
래디시 1개
무순 1/2팩
영양부추 한 줌

미소된장 드레싱
미소된장 2큰술
꿀 2큰술
마요네즈 3큰술
고추장 1작은술
식초·올리브오일 1큰술씩
우유 4큰술
사과·배 1/4개씩

만들기

1 **연두부 물기 빼기** 연두부는 체에 받친 채 물에 헹구어 물기를 뺀다.

2 **오이·당근·래디시 썰기** 오이와 당근은 6cm 길이로 곱게 채 썰고 래디시도 가늘게 채 썬다.

3 **무순·영양부추 준비하기** 무순은 찬물에 헹궈 건지고, 영양부추는 물에 씻어 무순과 비슷한 길이로 썬다.

4 **드레싱 만들기** 드레싱 재료를 모두 믹서에 넣고 곱게 간다.

5 **연두부 위에 드레싱 끼얹기** 식초와 오일로 드레싱의 농도를 조절한 다음 연두부와 채소를 접시에 담고 드레싱을 뿌린다.

2

3

4

5
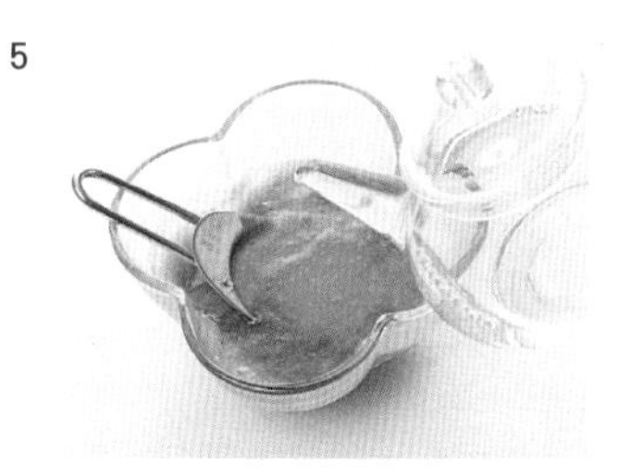

cooking tip

간장 드레싱도 잘 어울려요

내용새콤달콤하게 맛을 낸 오리엔탈 간장 드레싱도 연두부 샐러드에 잘 어울려요. 간장 2큰술에 식초·설탕 1큰술씩, 참기름·청주·다진 파·다진 마늘·깨소금 1/2큰술씩을 넣고 설탕이 녹을 때까지 잘 저어주면 됩니다.

단호박 샐러드

베타카로틴이 풍부한 호박으로 만든 달콤한 샐러드. 간식이나 아침식사로 준비해보세요.
호박을 삶아서 으깨 몇 가지 재료를 섞기만 하면 되므로 만들기도 아주 간단해요.

Sweet Pumpkin Salad

재료(4인분)

단호박 1개
슬라이스 체다 치즈 3장
땅콩 2큰술
건포도 4큰술
통조림 옥수수 3큰술

소스
마요네즈 4큰술
허니 머스터드 1작은술
다진 양파 2큰술
다진 오이피클 2큰술
설탕·소금 조금씩

만들기

1 **단호박 손질하기** 단호박은 반 갈라 숟가락으로 씨를 긁어낸 뒤 적당한 크기로 잘라 껍질을 벗긴다.

2 **단호박 찌기** 손질한 단호박을 찜통에 안쳐 40분 정도 찐다. 200℃로 예열한 오븐에 30분간 익히거나 전자레인지에 쪄도 된다.

3 **치즈·땅콩 준비하기** 체다 치즈는 잘게 다지고 땅콩은 큼직하게 다진다.

4 **단호박 으깨기** 무르게 쪄진 단호박은 한 김 식힌 뒤 곱게 으깬다. 뜨거울 때 으깨면 질척해지므로 식혀서 으깨는 것이 좋다.

5 **단호박 맛내기** 으깬 단호박에 다진 치즈·땅콩·건포도·옥수수를 넣고, 소스 재료를 모두 넣어 고루 섞는다.

2

3

4

5

cooking tip

단호박 손질하기
단호박은 단단하고 커서 과일 깎듯이 통째로 깎으려면 손을 다칠 염려가 있으니 조심하세요. 먼저 잘 드는 칼로 반을 갈라 속과 씨를 말끔히 긁어낸 뒤 도마 위에 엎어 놓고 골을 따라 자릅니다. 너무 큰 단호박은 전자레인지에 살짝 익혀 썰면 껍질 벗기기가 편하답니다.

가족과 함께하는 특별한 시간, 친구들을 초대한 홈파티, 나만의 티타임에 몸에 좋은 천연재료로 홈메이드 음료를 만들어보세요. 얼음과 함께 갈거나 우유, 요구르트 등 여러 가지 재료를 섞으면 색다른 맛을 즐길 수 있어요.

part 6

카페 스타일
홈메이드
천연음료

골드키위 라테

Gold Kiwi Latte

새콤달콤한 키위는 비타민 C가 특히 많고 미네랄이 풍부해 건강에 좋은 과일이에요. 단맛이 강한 골드키위를 우유와 함께 갈면 달콤해서 아이들이 무척 좋아해요.

재료(4인분)

골드키위 4개
우유 3컵
꿀 4큰술
얼음 8조각

만들기

1 **키위 껍질 벗기기** 키위는 세로로 얇게 껍질을 벗긴다.

2 **믹서에 갈기** 손질한 키위를 믹서에 넣고 우유를 부어 곱게 간다.

3 **얼음 넣어 갈기** 얼음과 꿀을 넣어 다시 한 번 곱게 간 다음 컵에 담는다.

1

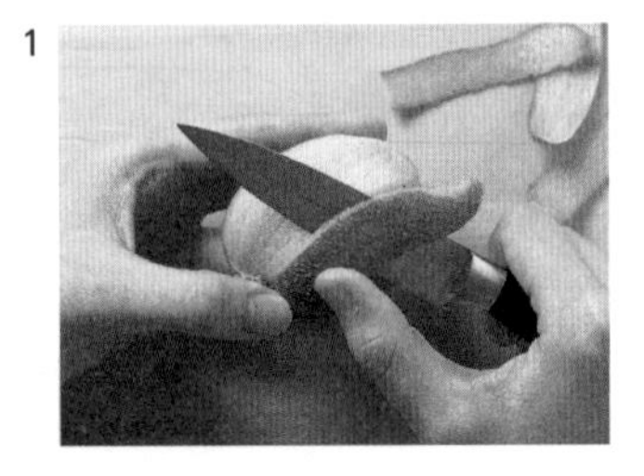

2

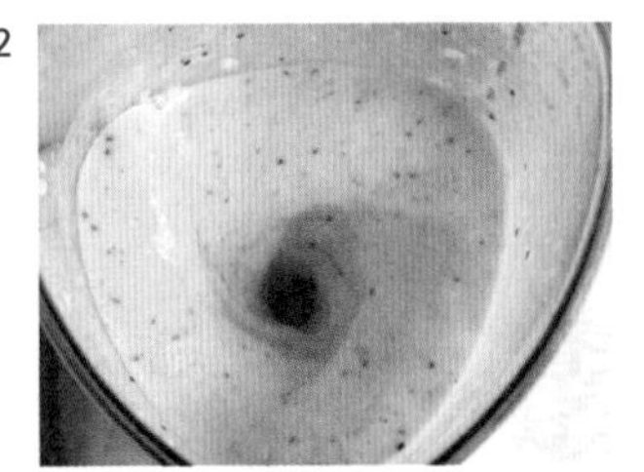

멜론 펀치

Melon Punch

멜론을 오렌지주스, 사이다와 함께 갈아 시원한 음료로 만들었어요. 단백질 분해를 돕는 멜론은 육류를 섭취하고 난 뒤 입가심으로 마시면 좋아요.

재료(4인분)

멜론 1/2개
오렌지주스 2컵
사이다 1컵
브랜디 1큰술
레몬즙 1½큰술

만들기

1 **멜론 자르기** 멜론을 1/4등분으로 쪼갠 다음 숟가락으로 씨를 긁어낸다.

2 **동그랗게 떠내기** 자른 멜론의 과육을 스쿠프로 동그랗게 떠낸다.

3 **믹서에 갈기** 남은 과육을 껍질에서 도려낸 뒤 적당한 크기로 잘라 믹서에 넣고 오렌지주스, 사이다, 브랜디와 함께 간다.

4 **재료 섞기** ③에 레몬즙을 섞고 스쿠프로 떠낸 멜론 과육을 넣어 고루 섞는다. 기호에 따라 얼음을 첨가한다.

2

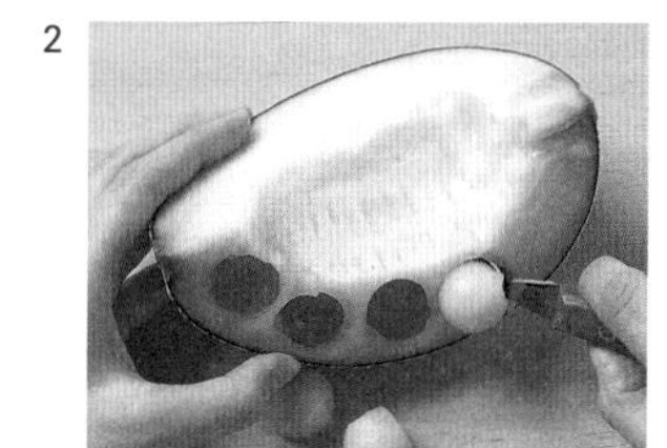

3

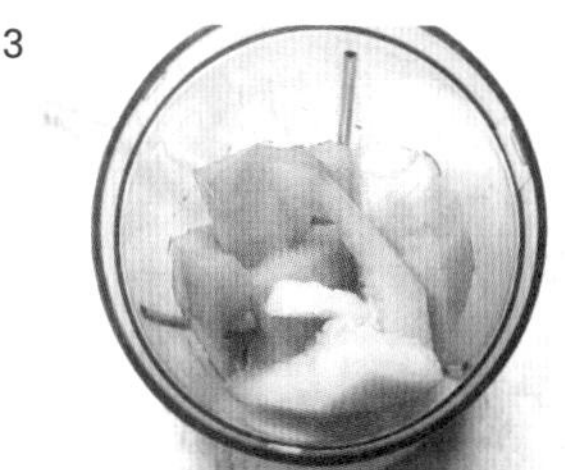

클래식 샴페인

Classic Champagne

샴페인의 청량감과 달콤한 파인애플주스가 잘 어우러져 여성에게 인기 만점이에요. 알코올 도수가 높지 않아 식전 와인으로 마시면 좋아요.

재료(4인분)

샴페인 1컵

파인애플주스(1컵)
파인애플 200g
물 1/2컵
설탕시럽 1/2큰술

얼음 적당량

만들기

1 **파인애플 껍질 벗기기** 파인애플을 4등분해 가운데 심을 도려낸 다음 과육만 도려내 적당한 크기로 자른다.

2 **믹서에 갈기** 파인애플, 물, 설탕시럽을 믹서에 넣고 곱게 갈아 고운체에 맑은 주스만 받는다.

3 **샴페인 준비하기** 곱게 간 파인애플주스와 샴페인을 냉장고에 두어 차게 준비한다.

4 **칵테일 만들기** 셰이커에 샴페인과 파인애플주스, 얼음을 넣고 가볍게 흔들어준다.

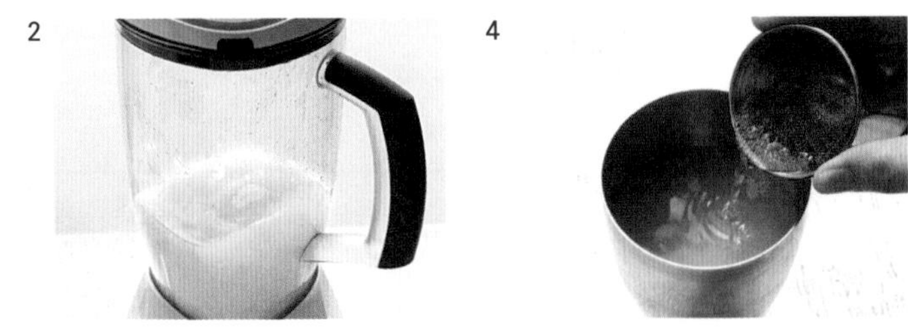
2 4

열대과일 스무디

Tropical Fruit Smoothie

키위, 바나나, 망고 등 열대과일에 꿀이나 주스를 섞어 만든 음료. 얼음과 함께 갈아서 차게 즐기는 것이 제맛이에요. 색이 변하기 쉬우니 갈아서 바로 내도록 하세요.

재료(4인분)

키위 4개
바나나 2개
망고 1개
망고주스 2컵
얼음 12조각

만들기

1 **키위 준비하기** 키위는 칼로 껍질을 벗긴다.

2 **망고 준비하기** 망고는 잘 익은 것으로 골라 반 갈라서 껍질을 벗기고 과육을 도려내 적당한 크기로 토막 낸다.

3 **바나나 토막 내기** 바나나도 껍질을 벗겨 적당한 크기로 토막 낸다.

4 **믹서에 갈기** 모든 재료를 믹서에 넣고 망고주스와 얼음을 함께 넣어 곱게 간다.

2

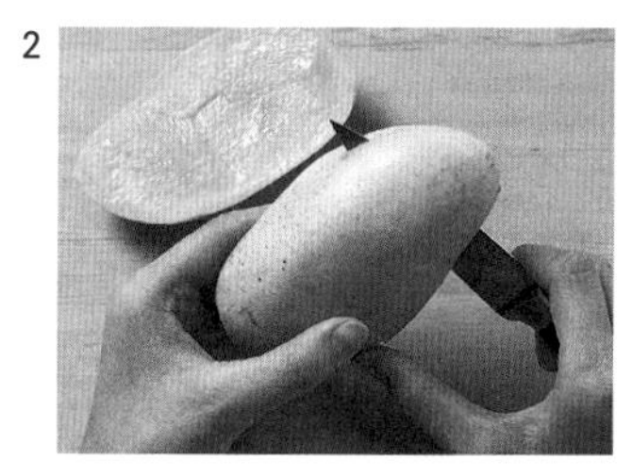

4

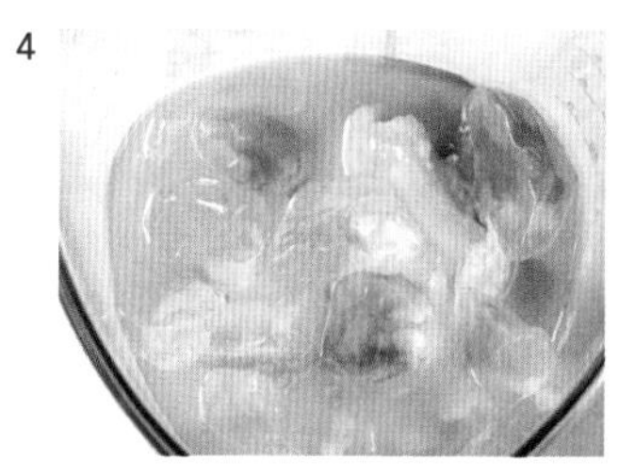

딸기 바나나 스무디

Strawberry Banana Smoothie

비타민 C가 풍부한 딸기는 우유와 함께 음료를 만들면 좋아요. 바나나, 우유와 함께 갈아 바닐라 아이스크림을 섞어서 차가운 스무디를 만들면 건강음료로 최고예요.

재료(4인분)

딸기 250g(2컵)
바나나 1개
바닐라 아이스크림 1/2컵
우유 2컵
얼음 2컵

만들기

1 **딸기 씻기** 딸기는 흐르는 물에 깨끗이 씻어 식촛물에 5분 정도 담갔다가 건진 뒤 꼭지를 떼어낸다.

2 **딸기·바나나 자르기** 딸기는 반으로 2~3등분하고, 바나나는 껍질을 벗긴 뒤 토막을 낸다.

3 **믹서에 갈기** 딸기, 바나나, 우유, 얼음을 믹서에 넣고 곱게 간다. 여기에 바닐라 아이스크림을 넣고 돌려서 부드럽게 섞이게 한다.

2

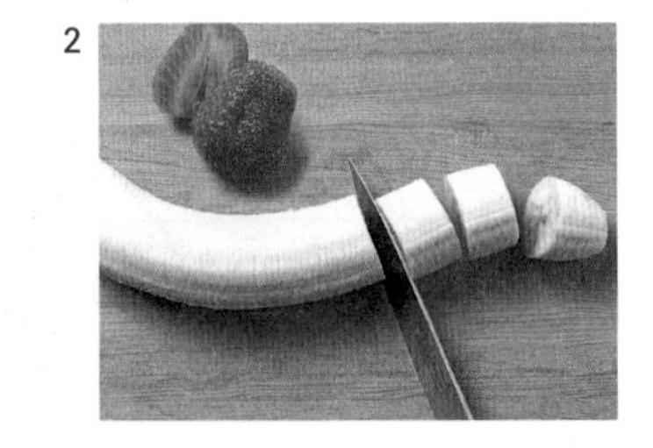

3

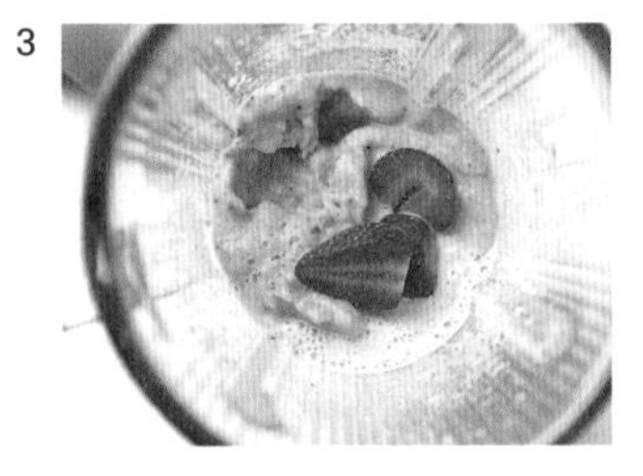

오미자 화채

Omija Punch

빨갛게 우러난 오미자 국물에 배와 잣을
띄운 화채는 새콤달콤 시원해서
여름철 건강음료로 그만이죠.
오미자는 뜨거운 물에 끓이면 떫은맛이
나니 반드시 찬물에 우려내도록 하세요.

재료(4인분)

오미자 1/2컵
물 3컵
배 1/4개
잣 1/2큰술

설탕물
설탕 1/2컵
뜨거운 물 3컵

만들기

1 **오미자 우려내기** 오미자를 물에 한 번 씻어 건진 뒤 찬물 3컵을 부어 하룻밤 동안 우려낸다.

2 **오미자 국물 거르기** 빨갛게 우러난 오미자 국물을 면보에 걸러 맑은 국물만 받는다.

3 **오미자 물에 시럽 섞기** 뜨거운 물에 설탕을 녹여서 오미자 우린 물에 섞는다.

4 **배와 잣 띄우기** 얇게 저민 배를 꽃모양 틀로 찍어내 잣과 함께 오미자 국물에 띄운다.

1

2

레모네이드

Lemonade

레몬은 비타민 C의 대명사라 불릴 정도로
비타민 함유량이 높아 피부미용에 특히 좋아요.
몸에 활력을 더해주는 레몬으로 시원한
레모네이드를 만들어보세요.

재료(4인분)

레몬 2개
생수 1컵
설탕시럽 2큰술
얼음 적당량

만들기

1 **레몬즙 짜기** 레몬은 즙 짜는 기구로 즙을 내어 찌꺼기는 거르고 1/2컵 분량의 주스만 받는다.

2 **레몬즙에 시럽 섞기** 레몬즙에 설탕시럽을 넣고 잘 섞은 뒤 생수 1/2컵을 넣어 고루 젓는다.

3 **레몬 장식하기** 얼음 2~3조각을 띄우고 레몬을 슬라이스해서 잔을 장식한다.

1

3

인삼 주스

Ginseng Juice

면역력을 높여주는 인삼을 우유와 함께 갈아 음료처럼 마시면 병에도 잘 안 걸리고 건강을 지킬 수 있어요.

재료(4인분)
수삼 4뿌리, 꿀 4큰술, 물 1컵, 우유 3컵

1 통통한 수삼을 솔로 구석구석 깨끗이 씻은 뒤 물에 헹구어 물기를 뺀다.

2 손질한 수삼을 적당한 크기로 썬다.

3 믹서에 넣고 물 1컵을 부어 곱게 간 뒤 꿀 4큰술을 넣고 한 번 더 돌려 잘 섞이도록 한다.

4 주스잔에 담고 우유를 부어 잘 섞는다.

멜론 라씨

Melon Lassi

요구르트에 우유와 꿀을 섞어 만든 인도의 전통 음료. 멜론을 섞어 부드러운 맛을 살렸어요.

재료(4인분)
멜론 1/4개, 우유 2½컵, 요구르트 2컵, 다진 아몬드 조금

1 멜론은 껍질을 벗기고 숟가락으로 씨를 훑어낸다.

2 멜론 과육을 적당한 크기로 잘라 믹서에 넣고 우유와 요구르트, 설탕과 함께 간다.

3 주스잔에 담고 다진 아몬드를 조금 뿌린다.

* 단맛이 덜한 멜론은 기호에 따라 설탕을 더 넣어도 된다.

• 리스컴이 펴낸 책들 •

• 요리

기초부터 응용까지 이 책 한권이면 끝!

한복선의 친절한 요리책

요리초보자를 위해 최고의 요리전문가 한복선 선생님이 나섰다. 칼 잡는 법부터 재료 손질, 맛내기까지 엄마처럼 꼼꼼하고 친절하게 알려주는 이 책에는 국, 찌개, 반찬, 한 그릇 요리 등 대표 가정요리 221가지 레시피가 들어있다.

한복선 지음 | 308쪽 | 188×254mm | 15,000원

반찬이 필요 없는 한 끼

한 그릇 밥·국수

별다른 반찬 없이 맛있게 먹을 수 있는 한 그릇 요리책. 덮밥, 볶음밥, 비빔밥, 국수, 파스타 등 쉽고 맛있는 밥과 국수 114가지를 소개한다. 재료 계량법, 밥 짓기, 국수 삶기, 국물 내기 등 기본기도 알려줘 초보도 쉽게 만들 수 있다.

장연정 지음 | 256쪽 | 188×245mm | 14,000원

먹을수록 건강해진다!

나물로 차리는 건강밥상

생나물, 무침나물, 볶음나물 등 나물 레시피 107가지를 소개한다. 기본 나물부터 토속 나물까지 다양한 나물반찬과 비빔밥, 김밥, 파스타 등 나물로 만드는 별미요리를 담았다. 메뉴마다 영양과 효능을 소개하고, 월별 제철 나물, 나물요리의 기본요령도 알려준다.

리스컴 편집부 | 160쪽 | 188×245mm | 12,000원

내 몸이 가벼워지는 시간

샐러드에 반하다

한 끼 샐러드, 도시락 샐러드, 저칼로리 샐러드, 곁들이 샐러드 등 쉽고 맛있는 샐러드 레시피 56가지를 한 권에 담았다. 다양한 맛의 45가지 드레싱과 각 샐러드의 칼로리, 건강한 샐러드를 위한 정보도 함께 들어 있어 다이어트에도 도움이 된다.

장연정 지음 | 168쪽 | 210×256mm | 12,000원

천연 효모가 살아있는 건강 빵

천연발효빵

맛있고 몸에 좋은 천연발효빵을 소개한 책. 홈 베이킹을 넘어 건강한 빵을 찾는 웰빙족을 위해 과일, 채소, 곡물 등으로 만드는 천연발효종 20가지와 천연발효종으로 굽는 건강빵 레시피 62가지를 담았다. 천연발효빵 만드는 과정이 한눈에 들어오도록 구성되었다.

고상진 지음 | 200쪽 | 210×275mm | 13,000원

그대로 따라 하면 엄마가 해주시던 바로 그 맛

한복선의 엄마의 밥상

일상 반찬, 찌개와 국, 별미 요리, 한 그릇 요리, 김치 등 웬만한 요리 레시피는 다 들어 있어 기본 요리 실력 다지기부터 매일 밥상 차리기까지 이 책 한 권이면 충분하다. 누구든지 그대로 따라 하기만 하면 엄마가 해주시던 바로 그 맛을 낼 수 있다.

한복선 지음 | 312쪽 | 188×245mm | 16,000원

에어프라이어로 다 된다

365일 에어프라이어 레시피

에어프라이어를 200% 활용할 수 있도록 돕는 레시피북. 출출할 때 생각나는 간식부터 혼밥, 술안주, 디저트 & 베이킹, 근사한 파티요리까지 93가지 인기 메뉴를 담았다. 쉽고 빠르고 맛있는 에어프라이어 요리, 이 책 하나면 충분하다.

장연정 지음 | 184쪽 | 188×245mm | 13,000원

만들어두면 일주일이 든든한

오늘의 밑반찬

누구나 좋아하는 대표 밑반찬 79가지를 담았다. 가장 인기 있는 밑반찬을 골라 수록했기 때문에반찬을 선택하는 고민을 덜어준다, 또한 79가지 밑반찬을 고기, 해산물·해조류, 채소 등 재료별 파트와 장아찌·피클 파트로 구성하여 쉽게 균형 잡힌 식단을 짤 수 있도록 돕는다.

최승주 지음 | 152쪽 | 188×245mm | 12,000원

고단백 저지방

닭가슴살 다이어트 레시피

고단백 저지방 닭가슴살은 다이어트 식품으로 가장 좋다. 이 책은 샐러드, 구이, 한 그릇 요리, 도시락 등 쉽고 맛있는 닭가슴살 요리 65가지를 소개한다. 김밥, 파스타 등 인기 메뉴부터 별미로 메뉴까지 매일 맛있게 먹으며 즐겁게 다이어트할 수 있다.

이양지 지음 | 160쪽 | 188×245mm | 13,000원

따뜻한 식사빵

프렌치토스트와 핫 샌드위치

한 끼 식사로, 간식으로 좋은 프렌치토스트와 핫 샌드위치 64가지를 소개한다. 정통 레시피부터 색다른 맛, 든든한 한 끼, 시판 음식을 이용한 레시피까지 간단하고 맛있는 메뉴가 가득하다. 토핑과 속재료가 한눈에 들어와 누구나 쉽게 만들 수 있다.

미나구치 나호코 지음 | 112쪽 | 180×230mm | 12,000원

•건강

하루 20분, 평생 살찌지 않는 완벽 홈트

오늘부터 1일

평생 살찌지 않는 체질을 만들어주는 여성용 셀프 PT 가이드북. 스타트레이너 김지훈이 군살은 쏙 빠지고 보디라인은 탄력 있게 가꿔주는 하루 20분 운동을 소개한다. 하루 20분 운동으로 굶지 않고 누구나 부러워하는 늘씬한 몸매를 만들어보자.

김지훈 지음 | 280쪽 | 188×245mm | 16,000원

아침 5분, 저녁 10분

스트레칭이면 충분하다

몸은 튼튼하게 몸매는 탄력있게 가꿀 수 있는 스트레칭 동작을 담은 책. 아침 5분, 저녁 10분이라도 꾸준히 스트레칭하면 매일 몰라보게 달라질 것이다. 5분 구성을 기본으로 더 체계적인 스트레칭을 위해 10분, 20분 과정도 소개했다.

박서희 지음 | 96쪽 | 215×290mm | 8,000원

근력과 유연성을 기르는 최고의 전신운동

필라테스 홈트

필라테스는 자세 교정과 다이어트 효과가 매우 큰 신체 단련 운동이다. 이 책은 집에서도 필라테스를 쉽게 배울 수 있는 방법을 알려준다. 난이도에 따라 15분, 30분, 50분 프로그램으로 구성해 누구나 부담 없이 시작할 수 있다.

박서희 지음 | 128쪽 | 215×290mm | 11,200원

초단간! 효과 강력! 최고의 퍼스널 트레이닝

1일 20분 셀프PT

혼자서도 쉽고 빠르게 원하는 몸을 만들도록 돕는 PT 가이드북. 내추럴 보디빌딩 국가대표가 기본 동작부터 잘못된 자세까지 차근차근 알려준다. 하루 20분 셀프PT로 누구나 갖고 싶어하는 역삼각형 어깨, 탄탄한 가슴, 식스팩, 강한 하체를 만들어보자.

이용현 지음 | 192쪽 | 188×230mm | 14,000원

면역력에 대한 오해와 진실

내 몸속의 면역력을 깨워라

면역력에 죽고 면역력에 사는 시대. 국민주치의 이승남이 우리 몸속 면역 시스템을 알기 쉽게 설명한다. 식습관부터 생활습관까지 면역력을 높이는 데 필요한 것은 물론 면역력에 대한 오해와 진실을 명쾌하게 알려줘 생활 속 잘못된 습관을 바로 잡고 면역력을 높일 수 있다.

이승남 지음 | 304쪽 | 152×225mm | 15,000원

•취미 | DIY

내 피부에 딱 맞는 핸드메이드 천연비누

나만의 디자인 비누 레시피

예쁘고 건강한 천연비누 레시피북. 천연비누부터 배스밤, 버블바, 배스 솔트까지 39가지 레시피를 한 권에 담았다. 재료부터 도구, 용어, 팁까지 비누 만드는 데 알아야 할 정보를 친절하게 설명해 책을 따라 하다 보면 누구나 쉽게 천연비누를 만들 수 있다.

리리림 지음 | 248쪽 | 190×245mm | 16,000원

트러블·잡티·잔주름 없는 피부의 비결

홈메이드 천연화장품 만들기

피부를 건강하고 아름답게 만들어주는 홈메이드 천연화장품 레시피북. 닐스야드 개발자의 고급스럽고 내추럴한 천연화장품 35가지가 담겨있다. 단계별 사진과 함께 자세히 설명되어 있어 누구나 쉽게 만들 수 있고, 사용법도 친절하게 알려준다.

카렌 길버트 지음 | 152쪽 | 190×245mm | 13,000원

쉬운 재단, 멋진 스타일

내추럴 스타일 원피스

베이직한 디자인으로 언제 어디서나 자연스럽게! 직접 만들어 예쁘게 입는 나만의 원피스. 여자들의 필수 아이템인 27가지 내추럴 스타일 원피스를 담았다. 실물 크기 패턴도 함께 수록되어 있어 재봉틀을 처음 배우는 초보자라도 뚝딱 만들 수 있다.

부티그 지음 | 112쪽 | 210×256mm | 10,000원

자수 한 땀, 사랑 한 땀, 행복 한 땀

나의 첫 프랑스 자수

바쁜 일상에 삶의 여유를 찾고 싶다면 아름답고 사랑스러운 프랑스 자수를 시작해보자. 초보자도 쉽게 시작할 수 있도록 기본 스티치부터 단순하고 예쁜 도안 40가지를 소개한다. 사계절 풍경과 꽃, 동물 등 나만의 작품을 만들어보자.

줄리엣 미슐레 지음 | 120쪽 | 188×200mm | 12,000원

우리 주변의 아름다운 모습 40가지

즐거운 수채화 그리기

초보자부터 숙련자까지 취미로 수채화를 배우는 사람들에게 좋은 교재. 꽃, 나무, 풍경, 사람, 동물 등 40가지 테마의 수채화 그리기가 자세히 소개되어 있다. 각 테마마다 상세한 설명이 소개되어 실력에 맞는 그림을 선택해 그릴 수 있다.

에마 블록 지음 | 216쪽 | 188×200mm | 15,000원

유익한 정보와 다양한 이벤트가 있는
리스컴 블로그로 놀러 오세요!

홈페이지 www.leescom.com
블로그 blog.naver.com/leescomm
인스타그램 instagram.com/leescom

우리 집 홈스토랑

지은이 | 구본길
어시스트 | 김준희 연정은

사진 | 선우형준
어시스트 | 장은주
스타일링 | 김상영
어시스트 | 김형님

편집 | 김주희 안혜진 이희진
디자인 | 정미영 이미정
마케팅 | 김종선 이진목
경영관리 | 서민주

인쇄 | 금강인쇄

초판 1쇄 | 2020년 9월 7일
초판 2쇄 | 2020년 10월 15일

펴낸이 | 이진희
펴낸 곳 | (주)리스컴
주소 | 서울시 강남구 밤고개로 1길 10, 현대벤처빌 1427호
전화번호 | 대표번호 02-540-5192
영업부 02-540-5193
편집부 02-544-5922, 5933, 5944
FAX | 02-540-5194

등록번호 | 제 2-3348

ISBN 979-11-5616-193-6 13590
책값은 뒤표지에 있습니다.